整理这件小事

罗布　柳百慧 著

中国民族文化出版社

·北　京·

图书在版编目（CIP）数据

整理这件小事 / 罗布 , 柳百慧著 . — 北京 : 中国
民族文化出版社有限公司 , 2021.1
ISBN 978-7-5122-1348-7

Ⅰ . ①整… Ⅱ . ①罗… ②柳… Ⅲ . ①家庭生活－基
本知识 Ⅳ . ① TS976.3

中国版本图书馆 CIP 数据核字 (2020) 第 046215 号

整理这件小事

作　　者	罗布　柳百慧
策划编辑	朱亚宁
责任编辑	朱亚宁
责任校对	李文学
出 版 者	中国民族文化出版社　　地址：北京市东城区和平里北街14号
	邮　　编　100013　联系电话：010-84250639 64211754（传真）
印　　装	小森印刷（北京）有限公司
开　　本	710mm×1000mm　　16开
印　　张	17
字　　数	135千
版　　次	2021年1月第1版第1次印刷
标准书号	ISBN 978-7-5122-1348-7
定　　价	68.00元

CONTENTS | 目 录

第三章
原来这些都是整理！

第四章

那些被我们"整"过的人，经历了什么？

第五章

名词解释

第六章

感谢

第一章

我们是如何
开始整理的

01

罗布：我把自己"整"成了全职规划整理师

我从小就很喜欢整理。大概三四岁的时候每周末去外公外婆家玩就特别喜欢去翻五斗橱。在妈妈给外婆洗澡的时候，我就搬个小板凳垫着脚，从最上面的抽屉开始翻整。每周去，抽屉里多少都会增加些"新鲜"的小玩意儿——现在想来那大概是外公外婆舍不得丢或者从哪里搜罗来的吧。虽然忘记了当时用什么方法整理的，总之整理完之后我会特别开心，觉得可以为外公外婆做一些"力所能及"的事，但同时又担心他们会把我整理好的抽屉弄乱了，不过想到下次来又有得"整"就又充满希望。

在做全职整理师之前的六年，我一直从事餐饮服务类工作，是一名咖啡师。经历了"开

店"和"守店"的漫长时期，逐渐成为一名全能型"打杂选手"：研发产品、培训新人、设计菜单、规划吧台、采买物料、管理库存、拆装家具、修理电器……几乎都会了。但总觉得这些工作会了之后，就乏了。

2013 年，我还在一家门店负责吧台的时候，一位行政主管因为总见我在吧台里忙不停地收拾整理，就推荐了近藤麻理惠的《怦然心动的人生整理魔法》给我。读毕如醍醐灌顶，"原来爱整理不只是把所有东西都摆整齐啊，还可以把不喜欢、不需要的东西丢掉！"我立刻从自己的物品开始边丢边整，把一阳台"将来某一天"会用到的瓶瓶罐罐都丢了。整理完自己的东西就开始帮助室友整理，当时也不太在意对方是否需要整理，就一股脑儿给整了（其实这么做不对啊，我的舍友真是个好 nice 的人）。整理完住处又把"魔爪"伸向了工作的吧台区域，正好因为工作需要，每个星期和每个月都得做一次整理，我就把从书中学到的内容全部运用起来，整完还制定了一系列的规矩章程用以维持整理成果。

结果我越"整"越上瘾，于是开始上网搜索中国有没有这样的职业。找了一圈无果，干脆想：既然找不到别人，那就让别人来找我吧！于是我注册了一个专门分享整理资讯的微博，还起了个看起来很"正经"的名字——整理术士，在这里分享自我整理的点点滴滴，随着时间的积累，意外地吸引了许多同道中人，大家互相鼓励一直走到现在。

2016 年初，在朋友的鼓励下，我尝试去为别人做整理。在微博上征集到一名志愿者客户之后，我们一起用了一个月按照衣服类、书籍类、文件类、小物品类的顺序做了一次完整的整理。整理完之后我深切地体会到：给别人整理和自我整理是两码事。

做自我整理的时候，只需要关照自己的想法、意愿，用自己的标准去取舍决策物品的去留和摆放位置。但给别人做整理就必须去了解对方的想法、生活习惯和决策的标准。复盘之后，我大致理顺了为别人整理服务的流程，便"开张营业"了。

整理前我通常会问客户三个问题：1. 你要整理哪里？ 2. 你为什么要整理？ 3. 你的空间目标/理想状态是什么样子的？然后沟通整理的基本流程，便开始跟客户一起整理。

那一年陆陆续续有一些朋友来找我做整理，发现其实大家对整理服务有蛮大的需求，这更加坚定了我想要成为职业整理师的信心。于是攒了半年钱，同年的十一月底我便辞职开始了全职整理师之路。

2017 年，通过半年的学习，我拿到了日本 JALO 协会一级生活规划师的证书，正式成为一名"持证上岗"的全职生活规划整理师（Life Organizer®）。接下来就是用整理来创业了，除了需要老师和同行朋友的沟通鼓励，我还需要一名"看得见摸得着"的小伙伴。

百慧是我从初中就认识的同学兼好朋友，在践行自我整理的这几年里，每年回老家约着见面，我们每次聊天的话题都会落到整理上，慢慢地她也开始了"自我整理"，偶尔还会发篇整理的感想文来"汇报"进度。那时"整理术士"公众号刚注册，里面充斥着我把自己按在写字桌前敲下的各种物品类别的整理步骤和方法，很像说明书，她的感想文可以帮助我补足整理感受的部分，加上百慧很擅长码字，我就开始鼓励她多写些自我整理的文章，或者是我想一个点子她负责码字。擅长的人做擅长的事，慢慢地整理术士工作室有了文案。寻觅小伙伴时，头一个就想到了百慧，恰逢那时她辞职，我就"怂恿"她一起组建工作室。现在，她是整理术士公众号的文案担当，也是本书的作者之一。

在学习规划整理课程的时候，接触到习惯用脑的概念（详情参见《高效生活整理术》39 页）"所谓惯用脑，就像是我们生活中常见的惯用手、惯用脚一样，是在我们思考并付诸行动时，无意识地优先使用的脑型，这就是自己的惯用脑。"

习惯用脑，一共有四种脑型：左左脑型、右右脑型、左右脑型、右左脑型。经测试，我的输入脑是右脑、输出脑是左脑，简称"右左"脑型；而百慧是"左左"脑型。

我们都知道右脑是感性脑，左脑是理性脑。"右左"的意思就是信息输入到脑子里时，我更习惯用右边的脑子也就是感性脑去处理信息。比如，学习"飞流直下三千尺"这句诗，我得把文字在脑海中转化成画面，才能理解并且记住。输出，也就是表达的时候就是用左脑也就是理性脑来传达意思，比如，讲课的时候是有自己的框架和线性逻辑的，并不散（"左左"、"右右"、"左右"可以此类推）。

"右左"脑型的我表现的特点是：完美主义，动手能力强，对好看的东西没抵抗力，因为"我是完美主义""我方方面面都考虑到了"，所以很固执，不擅长的事情可能连碰都不会碰。我在整理时，会因为某个收纳产品好看又好用，整理起来就干劲十足；空间感强，擅长规划空间；喜欢按照物品功能来分类；不太擅长老老实实地分类和整理（比如原计划是整理桌子，做久了、无聊了会跑去旁边整理架子；一旦开始觉得分类枯燥无聊就会很烦）；选择和决策物品的时候会花很长时间（因为是完美主义，需要考虑方方面面，耗时较长）。

刚学完这套理论，原本"拧巴"的我立刻放过了自己，"原来我是这样的人啊"！不需要花很大力气去改变自己的本质，把注意力集中到这些"特点"上，并加以利用就好了！就像"龙虾教授"乔丹·彼得森在《人生十二法则》中写的"你需要先知道自己在哪里，才能规划好之后的路线；你需要先知道自己是谁，才能平衡好自身的优点"。同时，也理解了身边那些"对着干"的小伙伴，他们并非故意跟我"对着干"，而是我们的思维方式和行为习惯不同罢了。原来思维方式的不同会让我们有这么大的区别！

加深对自己的了解之后，再次进行自我整理又是另外一番感受：

1. 不再去焦虑自己与别人的不同，更能接受"我就是这样"。不再会因此感到自卑，

"这是我的选择，我尊重自己的选择"。

2. 不再去找"标准答案"。整理有参考案例，但一定没有人能告诉你所谓的"标准答案"，答案在自己心里，不需要他人评判，"怎么舒服怎么来"渐渐变成了我的整理"标尺"，如果不舒服了，再整理就是。那种不确定、没有感全感的感受不再经常冒出来了。

3. 不再把注意力放在除"我"以外的地方。以前会认为房子是租的凑合住；衣服是别人给的凑合穿；抽屉还没坏凑合用等。完全没有在意自己的感受，会因为钱、面子等一些现在看来匪夷所思的原因而不去关照自己的真实想法。别人送的衣服款式和颜色其实不适合我，但会想：平日常穿工作装，日常不用花额外的钱再买新衣服，能凑合就凑合吧。而彻底整理完衣橱之后，我会在能力承受范围内买质感更好，更适合当下的衣服来穿，丢掉那些之前因为各种原因勉强留着的衣服。工作之外的日常我也会穿得舒服得体和开心。于是，就这样慢慢发现我开始"宠"着自己了！做人最重要的不就是开心吗？

持续践行自我整理一段时间之后，发现自己从"无边界意识"到了"有边界意识"。整理实际上是在整理"边界"，即物品的边界、空间的边界、人与人的边界。将物品按照某个标准分类，是在整理物品的边界；规划确定每个空间的功能用途，是在整理空间的边界；做自我整理的过程中只整理自己的物品和空间，其实是在整理自己与他人之间的边界。后来我把"整理是自己的课题，是与自己对话的有效方式。"作为整理术士工作室的口号。

慢慢，我惊喜地发现，在为客户做整理服务的时候也没那么"心累"了。之前会很容易被别人的情绪和事情影响，有整理困扰的人几乎都会有意无意地抱怨产生困扰的人、事、物，没厘清边界之前我会深陷到他们的困扰当中，同时，自己的整理专业知识技能和有序的意识又在"反抗"，经过这样的拉扯，整个人的身心都非常疲怠。我常常对只把整理理解为体力活儿的人说："一次彻底的整理是十分消耗脑力、体力和心力的。"

通过整理厘清边界之后，作为职业整理师的我变得"专业"起来。我比以前更容易看到问题背后的原因，而不是同客户一起陷入他们的情绪；能够更加冷静地用自己的专业知识协助他们达到理想空间的目标。

从 2016 年年底做专职整理师到现在，我前后服务了 82 名客户（不算重叠），累计上门整理 1018 小时，其中包含家宅和工作室还有一个流浪猫救助站。作为讲师系统教授了 24 次整理基础线下课，累计学员 120 余名。虽然数量不算多，但从"白手起家"到用自己的能力让更多的人感受到整理带来的益处还是让我感到很有存在感和成就感。

这就是我把自己整成职业整理师的全过程啦！在后面的章节里，我会为大家展示如何进行自我整理，一起行动起来吧！

02
百慧：整理让我的写作梦想照进现实

开始写这本书的时候，我很苦恼，因为我对自己之前的整理一点印象也没有了，甚至有点记不清自己的房间过去是什么样子的。但幸运的是，陪着我一起成长的整理术士公众号里记录了我有关整理最深刻的印记，于是我回去看了 2017 年自己写下的故事。

大概是 2016 年，罗布介绍我看了《断舍离》。很可惜，那不是一个决定性的时刻，没有为我的生活开启新的篇章。毕竟，生活不是电影，没有明确时限和节奏，你永远不会知道高潮何时来临，会有几个。不过，这本书在我心里种下一个种子。如果回忆关于整理的事情，这或许可以作为一个开始。

能够成为密友的人，一定有不少共同点，当然也有鲜明的不同。罗布和我在整理这件事上的共同点，大概就是从打小便无法忍受混乱，自行摸索各种拾掇屋子的办法。不同的是，罗布善于学习，我则固执得要命。

接触到"断舍离"概念，以及近藤麻理惠的整理方法之后，我几乎是得到罗布手把手的教导。对于自我意识成长较慢的我来说，整理对我最大的冲击，可算是"认识自己"。

这是个大命题，科学也好，文艺也好，人们在那上面投注了大量精力，就是为了搞懂"我是谁，从哪儿来，到哪儿去"。必须客观地说，整理这件事如同任何伟大的科学发现一样，没能回答这个问题。但，神奇的是，它无须像宇宙学、哲学一样，需要人付诸极大的努力才能搞懂一些道理。

是的，整理很简单，人人都可以做，而且非常好学。最关键的是，它能够迅速帮助你驱散自身的迷雾，让你在接近自我真相的路途上能够轻松一些。

第一次丢东西的爽快感，让我迷上了"扔"这件事。但是绝对不建议大家参考我的顺序，毕竟每个人都有自己的节奏，而且，说起来，我还真是个"怪胎"。

书对我来说是极重要东西中的一样，我就是从丢书开始的。从最珍视的东西下手，是希望切断心里一些黏黏腻腻的类似无力感的东西。在那之前，我是一个有选择障碍、无法对自己负责的人。不能说在这之后我有了显著的改变，任何改变都不是一蹴而就的，但这为彻底的改变做了准备。

　的确，书至今都是我最珍视的东西，整理书柜是最能让我身心舒畅的事情。然而两年多过去，我却惊讶地发现自己如今的藏书量减少了很多——留在身边的书变少，读过的书却变多了。

如果说以前我是一个从小学到高中的课本都要留着，而且不知道这么做有什么意义的人，现在我反而不执着于在身边留下一本书，并以此安慰自己会占有更多知识，其实占有书和占有知识是两件截然不同的事情。

我会留下以后一定会再看，或者一定会当作资料查询的书，其他的会在看完之后卖给"多抓鱼"，用这种办法，我让书柜内部"流动"了起来，并且阅读量提升了。偶尔买回来的书没有读就卖掉，我会提醒自己，是不是这段时间买得多读得少，借此回顾这段时间的生活步调，及时纠偏。

放弃对占有书的执着，反而让读书这件事成了生活里最重要的事，也让我更清楚自己究竟想读怎样的书，想成为一个怎样的人，想要做怎样的事。

印象里，我的房间曾经很拥挤，在逐渐探索极简主义的过程中则变得越来越空旷，由于又多了解自己一些，意识到自己在改变，更想要满足当下那一刻的自己而逐渐增加了物品。从多变少再到变多，看起来好像没有进步，但我可以确定跟自己的距离更近了，生活的质量和体验也更好了。房间的样子反映了我们在某一阶段的状态，并且客观真实。学会信任房间反馈的信息也帮助我更好地理解了日常生活的深意。

2017 年好像是一个节点，那之前我似乎没有进行过真正的整理，都是在"收拾"。把物品挪挪位置，想办法填满每一个收纳空间，把多出来的杂物塞进缝隙里，只为了视觉上整齐一些。那时的我不懂得动线，用起东西来觉得不顺手，却也找不到更合适的方式收纳——毕竟每个地方都塞得满满的；我也不懂得观察自己的生活，喜欢什么、不喜欢什么，真正在用的是什么，又有多少用都没用过；我也搞不清收藏和囤积垃圾这两件事情的区别；我甚至不知道什么样的衣服适合自己。

有一段时间我对自己彻底失去了兴趣，觉得自己像一具行尸走肉，用尽最后一点力气应付外界，我把自己隔离起来，觉得关系是一个伪概念，没有人会爱我、关心我，我也不值得被爱。我每天在网络上消磨自己的精力，刷微博，看别人在"豆瓣"上分享自己的生活，心里全是嫉妒。然后又因为这些时间的消耗觉得自己一件正经事都没干，成天在浪费时间，因此变得更加沮丧、无力。

2017年一个春天，我决定挑战一下自己。一直以来我都是觉得自己是个惧怕挑战的人，面对竞争我总是想要跳出来，因为我知道自己根本争不过别人。比起发掘自身潜能，我更愿意每天舒舒服服的，跳出舒适圈对我来说就像世界末日。

但也许那个春天，我受够了，觉得不做得更彻底一些，就永远也不会有改变。这才

是那个决定性的时刻吧，我猜。

此时，我的房间里堆满了被家里人放进来的很多不属于我的东西——我从没想过要捍卫自己这一片小小的领地，每一次他们拿着东西进来问我有没有地方可以放，我都能找到这么一个地方。客观一些来看，家人也许并没有意识到，因为连我自己都没意识到，我们在使用这个空间的时候，简直把它当成了一个垃圾场。

于是我有些"残忍"地开始了抗争。我收拾出很多餐具礼盒，还没有使用的锅具，礼品装的酒和饮料，还有一些我已经记不清的杂物。并坚持要把这些东西请出我的房间。同时我还丢掉了很多自己的物品，其中甚至包括从小到大的日记本，儿时爱不释手的毛绒玩具。

清理前者让家里人很头疼，因为他们一下子多了要处理的物品；清理后者我也被旁观的家人使劲埋怨，说我浪费、败家。但当我迈出那一步的时候，我就意识到自己的确没法回头了，而且我也不想回头。我要对自己的物品负责，对自己的房间负责，对自己的整个人生负责。我并不是没得选，我只是没有去尝试。

那之后，我丢掉了差不多半个房间的东西。这使得我的房间清爽了不少，也让我看清楚自己可以卸下的过去，它们对彼时的我已经没有意义，然后，我开始审视那一刻我的生活、我的希望，以及我可以做什么。

自此整理陪伴我改变和成长，2017 年之前我所有的努力似乎都没有一个风向标，我只是随着周围发生的事情飘来飘去，难过的时候不知道除了忍耐和等待，我还可以做什么。但整理让我有了方向，甚至清晰的路线图。

我知道当自己对生活没了把握的时候，我可以整理一遍自己的物品，看到那个当下

自己正在做什么，遗忘了什么，对未来有什么期待。然后明确我的目标，这点很不可思议，因为一直以来我都是一个缺乏目标的人。但如今我有了目标，并且知道它会变化、会实现，也可能不会实现，但因为我已经开始认真对待，所以总是会有收获的。

在这个过程中，我又开始拿起笔记本，开始只是写一点日记——我已经好几年没写过日记了，早就忘记了写日记的快乐——后来慢慢开始写看过的书和电影，一些小故事，又过了一阵子我才有勇气拿出来跟朋友分享，没想到得到了大家的认可。于是我就继续写下去，写我可以写的东西，写我必须写的东西，直到我能用它赚一点钱。我没想过成功之类的事情，因为写作本身就是我跟自己相处的方式，能够有这样一个不被剥夺的、认真对待自己的方式，让我觉得既幸运又满足，这是我在整理之前完全没想到的。

现在，整理已经变成我的一种生活方式，并且通过整理我逐渐发现一种不仅仅是对自己负责，也可以为他人，为世界作出贡献的生活方式。我开始真正关心自己可以做点什么来保护环境，在不断阅读资料、了解信息的过程中我意识到，环保并不是一个多么大的命题，有时甚至只是少买一件衣服那么简单。

整理帮助我把目光收回到自己身上，看到被掩盖的自己，被伤害和被忽视的自己，并尝试拥抱自己、安慰自己、鼓励自己。然后，整理又帮助我把目光投向周围，看到身边的人承受的苦恼，学会用正确的方式，像尊重自己一样尊重他们，选择合适的方式帮助。它甚至让我意识到帮助他人其实最终是在帮助自己。

整理让我走出孤立的栅栏，开始拥抱世界，甚至，它让我觉得自己变得更聪明、更年轻了。这本书可以算是整理带给我成长裂变的一个总结，我开始触摸到自己人生使命的痕迹。每个人都有不同的使命，找到它会让我们释放出更多的能量，不仅仅为自己，更是为身边的人，为整个世界贡献一份独特的力量。

罗布跟我在构思这本书的时候，都希望通过分享我们的经历，能投递出一点点启发，哪怕能产生一个小小的帮助，我们都愿意尽力把它写好。这些曾经帮助过我们的信息，也希望能够帮助你找到解决自己人生困惑的方法。我们也会持续努力，通过自己的体验和思考，去领悟更多，也分享更多。能跟更多的朋友一起成长，是我们探索的最大动力。

03

我们眼中的整理：由外入里，由里至外

经过了这么长时间的自我整理，对罗布和我来说，整理已经不仅是一次行动、一些想法，更是生活中不可分割的一部分。

初期，整理是从最外围开始的。从我们周围的环境和物品入手。先整理自己的东西，了解它们有多少、具体使用情况如何，进而借由对物品的了解，认识到自己使用物品的习惯、喜好、对生活有着怎样的期望。然后用最适合自己使用习惯、最符合自己的认知和期望的方式，改变原本不甚健康的生活方式，改变看待物品和自身的眼光，

改变物品的状态，改变空间的状态，从而改变生活的状态。

空间，不仅指家里的角角落落，还有我们涉足的公共领域，比如办公室、公共交通工具、咖啡馆等。

所有与"我"有关的物品和场所都是整理的范围。对物品的整理改善了我们的囤积癖、使我们的消费更理性，也减少了日常生活的垃圾和浪费的情况。当物品得到很好的梳理后，会对空间产生直接的、积极的影响。首先是减负，不再有没用的东西堆积在房间里，房间看上去更清爽。再配合适合自己使用习惯的收纳系统和简单装饰，房间开始变得有情调，更准确地说，是将自己的痕迹和味道凸显。在这样的房间里，我们更容易放松，也更容易在一天的劳累之后舒缓下来，好好面对自己的内心。

被尊重的空间会用积极的能量与主人呼应，这个时候，它们才真正践行容纳和保护我们的使命，成为我们在生活中的滋养。也是在这个时候，我们才发现，家并不是一套房子，但一套房子可以成为一个家。

之后，我们逐渐发现，整理其实已经融入我们生活的方方面面。

比如，吃这件事，既涉及身体健康，也关乎我们厨房、食品柜、冰箱、橱柜的生态。我们需要在了解自己和家人的饮食习惯之后，才能确定要储存什么样的食物，储存多少是最合适的，避免造成食物的堆积、遗忘、浪费。

不同的食物对烹饪有不同的要求，决定了我们要选择和保留什么样的烹饪器具。比如从不吃烘烤食品的家庭，保留一个常年不用的烤箱，任其堆在吊柜或冰箱顶部落灰，无论对人、空间还是烤箱来说都有些可惜。我们如何使用器具，以及它的种类和形态决定了我们对厨房的收纳系统的设计。

不同食物对保鲜的要求也各不相同，冰箱里适合放什么不适合放什么也是一门学问。用整理的方式从头梳理一遍，让我们告别拥挤和容易堆积腐败食物的冰箱，东西变少了也更省电了。

从自己的饮食习惯出发，改变食品和厨房的状态，最后受益的其实是我们自身的健康。与其储备药品、保健品，担心各种疾病找上门来，不如直接关注自己的饮食结构，尝试做一点小小的改变，让身体通过自身的调节逐渐好起来。

除了吃，穿衣服这件事往往是更容易被我们注意到的苦恼。衣橱的整理是所有整理里面最好入手，也最令人有成就感的。更重要的是，它能够让我们不整容、不减肥却看上去焕然一新。

人类为自己穿上衣服最初的目的就是保护自己。在心理学中，有一种观点认为，皮

肤是人体的疆界，是用来保护我们的内环境以及内心不被外界伤害的防线。如此看来，衣服除了有像皮肤一样的防护功能，也是滋养我们内心的一种方式。穿上自己喜欢的衣服，欣赏镜子里自己的样子，能够带给我们莫大的幸福感啊。

但是，在之前的很长一段时间里，罗布跟我都没有这样的幸福感。罗布很长一段时间里不得不穿着表姐不要的衣服，面临自己的审美观得不到发展，一直被限制的困境。我则来自一个不鼓励欣赏自己外貌的家庭，衣服大部分是由妈妈选择，并且没有机会尝试并发现什么样的衣服适合自己。

即便如此，我们的衣橱里还是有不少衣服的，这其中有成长过程中一路保留下来的衣服，也有自己赚了钱后不停尝试各种各样的衣服留下来的试验品。尽管其中有很大一部分衣服平时并不会穿，但我们从没想过要处理它们，为自己肿胀的衣柜减减负。我们最初的想法现在看来都挺天真：

1. 时尚是个圈，说不定什么时候就流行回来了。

2. 衣服都还挺好的，扔了可惜。

3. 将来的某天也许还能派上用场。

4. 旧 T 恤可以留着当抹布嘛。

这恐怕是我们在囤积衣服时常用借口里最典型的几种了吧？囤积在潜移默化中发展，最终我们都受不了了。巧的是我们对于不满意的空间，几乎有着一样的感觉——觉得房间里很沉闷，让自己的脑袋很乱，心情也很乱，好像一分钟也待不下去。

罗布最先接触到了整理，并开始整理自己的衣橱，之后她将这种方法推荐给我，我也开始整理自己的衣橱。这个整理过程让我们意识到几件事：

1. 原来大部分衣服就算丢掉也完全不影响我们的生活。

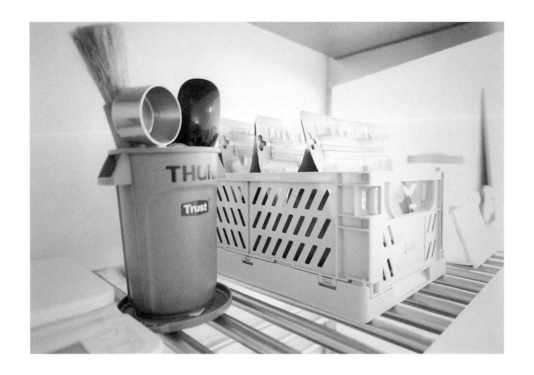

2. 自己喜欢的衣服更接近当下自己的状态。

3. 衣橱清爽，挑衣服的效率也高了。

4. 衣服数量少了，搭配的方式却多了。

5. 整个人看上去更舒服，也更有自己的风格。

6. 所有留下来的衣服，身体居然都很喜欢，穿着都很舒服。

这让我们意识到，穿衣服不仅是表达"我们对于他人是谁"，还关于"我们对于自己是怎样的"这件事。穿衣服既要好看，更要舒服，首先是为了身体的需求，为了确认自己的感觉是不是够好，然后才是向外界传达我们的想法：我是一个尊重自己、爱惜自己的人，同时基于这份尊重和爱惜，我会为他人和世界做出自己的贡献，也值得拥有他人和这个世界的尊重与珍惜。

渐渐地，整理开始深入我们的思维。我们发现用整理的方法还可以在很多方面无形

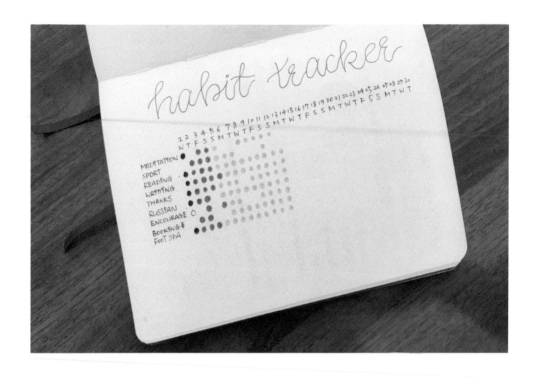

地对生活产生积极的影响。

比如时间管理，我们在思考和实践的过程中逐渐发现它可能是个伪概念。虽然一个人每天可以拥有 24 个小时，并且我们拥有经济学家般的美好期望，恨不得把一秒钟都榨出最多的价值，做更多有意义或有收益的事情。

但如果我们自己观察自己的精神状态，就会发现我们的精力无法满足我们榨干每一秒钟的剩余价值的希望。我们的精力是极其有限的，许多脑科学方面的著作都证实了这一点。所以比起从时间入手，我们也许可以借鉴整理的理念——从自身入手。每个人的精力水平，以及它在一天之内的变化都是不同的。所以我们没办法套用某一种统一的时间管理方式，在借鉴的基础上一点点摸索出适合自己的方法反而能给我们更大的帮助。

于是我们尝试把自己要处理的事务先摊开在眼前，给它们分类，标明轻重缓急，然后确定自己的原则，是倾向于从简单开始？更愿意做重要但不着急的事？还是觉得先把着急的事情办完心里才踏实？

这些判断的目的是使自己在精力充足的时候，处理完必须要做的事，提高效能。这样在我们精力不那么充足或者很不给力的时候，可以放心地好好休息，给自己减减压。实际上，我们在之后的工作中越来越觉得一个人需要的休息时间比自己认为的更多。

现代生活的速度真的很快，当我们被效率追着跑的时候，不知不觉就会压缩自己内在的需求，导致我们虽然做了很多事，却不能感到充实、获得成就感。高质量的休息就是为了让我们重新找回自己做事情的意义，觉得自己活着真好的有效方式。

但我们又不能随意卸下自己的责任，因此从自己的状态出发管理精力就变得很重要。从另一个层面看，这也是我们爱护自己，重燃生活热情的一种方式。

就像整理帮助我们重新理解了时间管理这个概念一样，它同样帮我们破除了很多偏见。因为整理以尊重自我为前提，看多了一些贩卖焦虑的文字之后，回到整理中，回到自己的内心去检验它们，就会发现这些言论看起来很可笑。

有时，我们也会发现原本存在于我们大脑中的一些思维定势变得有些荒唐。因为真实的我们是更善良、简单的，偏见、思维定势不过是大脑为了节省能源而设置的一些自动运行程序，它们不一定对，但某种程度上的确可以为我们节省精力。毕竟给一个事物或人贴上标签后我们就不用费力去了解它们，但这也造成了我们的矛盾和痛苦。

原本的我们倾向于认为这个世界是可信赖的，自己是可以做好很多事情的，但思维定势和偏见为我们设置了路障，使我们的信念在矛盾中反复受挫和消减。这个时候，整理就相当于一个帮助我们找回初心的过程。当我们再次看到真实的自己，体验到那份踏实和自信，就又能在这个丰富多彩的世界里活出自己独特而美丽的样子。

这是整理的又一奇妙之处，它可以整理我们的情绪。

在梳理物品的过程中，很多回忆随之浮现，我们会被各种情绪冲击，有开心快乐，有温暖，有未能解决的怨恨，也有犹豫不决，常常一时间五味杂陈，有时甚至令人崩溃。

但这之后，不仅是物品、空间的状态更有条理、更平衡了，我们的情绪也会在这个过程中被梳理好。丢弃掉一些没用的物品时，也会一同丢掉一些垃圾情绪；留下我们的"心动物品"不仅是留下一件在日常生活中对我们有用的东西，更是每天在看到它那一刻所唤起的积极情绪。而当我们面对压力感到束手无策的时候，整理物品或信息可以迅速帮我们理清思路，找到应对的办法。

罗布跟我在后来发现，很多处理事情的办法其实都是从自己出发的——最适合自己使用的办法，源自自己独特的视角产生的独特的处理办法。在这个过程中，只要相信自己，就能够找到应对困难的办法。

整理在应对压力时的出色表现，使它成为罗布和我在面对挑战时第一时间选择去做的事情。以前我们都是"逃避星人"，遇到苦难时会先感到难以接受，然后花大量的时间去消化这种难以接受的感觉，拖延不去面对，可每次想到就很

发愁。

其实面对挑战，与其躲着，不如直接面对，很多时候我们是被对未知的恐惧给吓着了，而未知其实并不可怕，当我们知道自己手中的底牌时，对未知就会有清晰的认识——只要知道自己可以做些什么就行了。

整理帮我们在未知面前重新梳理自己的资源，并思考出基于这些资源的应对方式，当我们知道自己可以接受的最坏结果，自己的应对方式可以为自己争取到什么之后，未知就显得不那么重要了。这时的整理，给了我们信心，成为我们在挑战面前的加油站。

经历将整理从外入里，从里至外的一番应用和体验之后，我们发现它已经成了我们的一种生活方式。这也是整理的终极形态——成为我们人生观、价值观的一部分。

当整理式的思考变成一种习惯，买东西的时候会更多地斟酌一下，变得更理性——买回去有没有空间存放？同类物品家里是不是还有没用完的？这件商品产生的垃圾会不会很多？它对我有多大的用处，是否有可以替代的物品？等等。

与此同时，丢东西也渐渐审慎了——可不可以在自己喜欢的前提下废物利用？今天丢的垃圾会不会太多，给环境造成太大压力？这件物品可不可以送给他人或者卖掉，让它继续发挥余热？

当我们经历一番思考做出一个认为负责且令自己满意的决定时，一些多少有些陌生的感觉会逐渐回来——我好像能为这个世界做更多的事情了；我好像开始为环境负责了；我好像更能考虑家人的感受了；我好像更喜欢自己了。

这几年里，我们越来越发现整理将我们变成了从前自己期望成为的人，甚至还有很多出乎意料的部分。最重要的是，我们一直在成长，变得更喜欢自己，更喜欢世界，也对生活更有热情。

人类是一种意义型的生物，但有时也会被意义拖累，使我们忘记简单生活的乐趣。整理让我们在意义和自然之间找到一种平衡，使我们切实地感到生活是用来享受的，而不是折磨我们的复杂游戏。

这，就是我们眼中的整理。

04

人本主义是什么？

在踏上整理旅程的初期，我们遇到一个很颠覆认知的概念——人本主义，了解它、实践它的过程令我们的世界天翻地覆，就像整理时那个乱成一锅粥的房间一样，当真的经历这个过程之后，我们才发现，原来所有的整理动作都与这个概念不谋而合，共同成为我们向更多可能、更好的自己探索的良师益友。

我们是通过奥地利心理学家阿尔弗莱德·阿德勒来了解人本主义的，阿德勒的理论比起心理学，更像是一个哲学体系，如果你也感兴趣，我们推荐这本《被讨厌的勇气》，

它曾经帮助我们解决不少困惑。

阿德勒人本主义的核心是为自己负责。我们在成为社会上的某个人之前，首先是自己，为自己的行为负责，可以使我们重新掌握人生的主动权，过一种更忠于自己的生活。

另一个在整理中给予我们很大帮助的概念就是课题分离。阿德勒认为，人际关系是生活中大部分烦恼的来源，而解决这些烦恼的方法很简单，就是课题分离。课题分离要求我们首先确认好自己课题的范围，然后为这些课题负责，同时对于他人的课题不加干涉，也不让别人干涉自己的课题。

举个例子，在整理的初期，罗布和我都陷入了一种不可避免的情况：自己在整理房间时成效初显，有些沾沾自喜，开始喜欢对家里其他人的房间和收纳方式指手画脚。我们甚至在没跟家人打招呼的情况下，擅自动手整理了不属于我们的空间，结果导致家人找不到原本放置的物品，对我们怨声载道。而我们不理解为什么他们放着科学的方法不肯用，我们做了贡献，却出力不讨好。

这个场景想必常常会出现在我们的日常生活中吧！其实，这背后的原因很简单，我们越界了。整理这件事，从头至尾就该是我们自己的课题，我们只对自己的空间负责，整理自己的物品就好。而别人的空间是别人的课题，我们不应该横加干涉，自以为是地动手整理其实是对别人的不尊重，而这种表面上伪装成好意的不尊重很容易被忽视，并且带给双方伤害。而家里的公共空间，则是需要大家在互相尊重彼此生活习惯的情况下，商量着来整理的，而不是说只要我们认为自己是对的，就可以替别人做决定。

后来我们才意识到自己这么做全然无助于家人，想要对方也接受科学的整理观念，最好的办法是以身作则。我们为自己负责，整理好自己的物品和空间，生活状态得到改善的时候，家里人看到觉得好，自然会效仿，或者来询问我们。到那时，再提

供令对方觉得舒适、受益的帮助也不迟啊。

我还记得有一天给自己的房间做完一次全面整理，又清出一些不再需要的物品之后，我妈看到我的房间又变得清爽了一些，第二天也开始整理起她的物品。我看到的时候心想，原来这就是以身作则的力量啊。此时我已经能够克制自己不去指手画脚，静静地等待她向我提出需求。

后来我们意识到，很多时候，不替对方做决定就是一种身体力行的尊重。

慢慢地，我们发现整理的思维渐渐从物品、空间这些外部的生活状态向内深入进了我们的大脑和心理状态。

我们的价值观和人生观逐渐不同于以前，一个明显的表现是，我们发现自己越来越少地抱怨了。比起将责任推向外界，不停地问为什么，我们更倾向于负起自己的责任，问"我可以做什么改变现在的状况？"

而在做事情的过程中，通过每一次对物品的梳理，对自己生活的梳理，我们都发现，不仅是我们所持有的价值观在影响我们的行动，我们的行动也在影响我们的思想。当我们觉得某样物品可以用完之后再买，并且不影响我们持续使用的时候，说明我们注意到自己日常的浪费行为，并且开始自觉地限制这种浪费。这与我们曾经尝试将"不要浪费"这句话贴在墙上、被父母每天唠叨所产生的效果要好得多。

我们开始从行动中学习智慧，了解实践的力量。也渐渐发现在生活中许许多多的角落里，都藏着整理的智慧，当我们把整理从一种梳理物品的方式变成思维方式的时候，仿佛打开了新世界的大门，看待世界的眼光也发生了天翻地覆的变化。至少，从我们现在关注的东西、思考的内容上看，我们与接触整理之前的我们的确不再是同一个人了。

05

左脑、右脑与整理相关的身体小秘密

在看下面的内容之前，请先跟着我们一起做个小游戏。

1. 双手十指交叉相握，记住被压在下面的手指是哪边。
2. 两臂交叉于胸前，记住被压在下面的胳膊是哪边。

为什么要这么做呢？这其实是我们常常在整理之前跟客户一起做的放松仪式——测

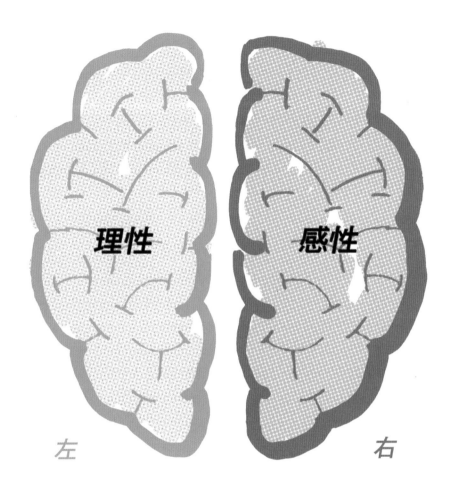

测空间、物品主人的惯用脑型。

第一个动作代表我们在摄取信息时依赖的大脑半球，第二个动作代表我们在输出信息时习惯使用的大脑半球。被压在下面的手指和手臂的方向，即我们自身惯用脑的方向。

如果你在输入信息时偏向左脑，你可能会对数据、表格、文字等有条理有逻辑的信息更敏感；而如果你在输出信息时偏向右脑，那么你很可能不习惯用完东西放回原位，而是随性地一放就去做别的事情。

当然，这个测试只是辅助我们在整理前了解物品主人的一种方式，更为精确的信息需要在之后的详细沟通中了解。物品的主人有怎样的喜好、习惯、怎样的物品使用方式，适合哪种类型的收纳，都是在沟通和整理的过程中一点点清晰起来的。

左右脑分工理论由美国神经学家斯佩里（Roger Sperry）教授提出，他认为人脑的左右半球以完全不同的方式进行思维，左脑是逻辑脑，右脑是感觉脑，并由此发展出对个体思维和个性特征的区分。人们依此将人分为两类：左脑型人、右脑型人。

左脑型人擅长运用语言，大部分是知识渊博的学者，有较强的时间观念，喜欢逻辑思维和分析思维，是理智型的人。右脑型人不善于语言表达，但对空间的记忆和整体感知能力发达，擅长整合，直觉力强，是情感型的人。

但在随后的发展中，逐渐有人提出了截然相反的观点。

美国生理心理学家利维（Jerre Levy）在研究中逐渐发现，大脑左右半球的分工并不是那么泾渭分明的，两者既有各自的分工，也有着密切地协作。人的许多重要的心理功能都需要大脑的左右半球相互合作才能完成。

也就是说，过于强调大脑两个半球间的区别，并不利于我们更多地了解自己的大脑，并找到适合自己的大脑使用的方式。反而是如何平衡大脑左右半球的功能发展，以及使两半球充分协作能够为我们提供的大脑资源要更多些。

整理就是这样一个过程。

为什么这么说呢？一切还得从头说起。

把这个小测试放在开头，不仅因为曾帮助我们在整理伊始更顺畅地找到适合自己的空间使用方式，还因为它是我们对自己产生兴趣的开始。

接触整理的时间越长，我们遇到的此类情况就越多：好多空间被物品吞没而感到不舒适和烦恼的朋友，最初都对自己没什么兴趣——他们既不知道自己想要一个怎样的空间，也对自己持有的物品数量、种类没有丝毫的认知。最关键的是，他们不清楚自己喜欢什么、想要什么，他们被烦恼拖垮了，已经没有足够的精力关照自己。

这也是我们在整理中不断发现的一个事实：无论你如何操控周围的物品、环境和事务，最后必须要面对的都是跟自己的关系。这也是我们为什么将"整理是自己的课题，是与自己对话的有效方式。"当作整理术士的口号。

整理从头到尾都是自己的事，它是我们认识自己、接纳自己、与自己作伴、并在此基础上进入世界、影响世界的一条路径。它可以在我们在自身能量不足时，重新为生活充电，也能帮助我们找回与他人的美妙关系。而这一切行动的主体——我，才是整理最关注的核心。

自我这个概念，最早是由奥地利心理学家弗洛伊德提出的。弗洛依德认为，人格由本我（id）、自我 (ego)，和超我 (superego) 构成。

本我是人格结构中最原始的部分，包含人类的基本需求，如饥、渴、性等。它需求的是立即得到满足，追求快乐。

超我像是人格结构中的指挥官，是我们在生活中接受社会文化道德规范的教养而逐渐形成的。它要求自己的行为符合自己理想的标准，并规定自己的行为免于犯错的限制，追求完美。

而自我，则是处于本我和超我之间的部分，起着调和作用。

它是我们与现实互动的结果，来自本我的各种需求，如果不能在现实中立即获得满足，就必须迁就现实的限制，并学习到如何在现实中获得需求的满足。

这三者合作形成的自我需要，马斯洛将它总结为一个金字塔层级。

马斯洛认为，人的基本需求由低向高可分为生理需要、安全需要、归属和爱的需要、自尊需要、自我实现的需要。

划分层级的确是为了说明要在先满足生理需要的前提下，才能谈及归属和爱的需要。但如今繁忙丰富的现代生活中，需求千变万化，有时我们吃东西，以为自己只是满足饥饿的需求，其实深藏在内心的却是一种对外界的恐惧。

这帮助我们了解到，人的需求和欲望往往是复杂的，无法像套公式一样得出一个确定的答案。有时我们因为童年经历、原生家庭等问题，甚至分不清哪个是自己的需求，哪个是别人强加给我们的需求。于是，找回丢失的自我就显得很重要。

在这一方面，整理的一些理念与人本主义心理学家阿尔弗莱德·阿德勒（Afred Adler）不谋而合。阿德勒认为，很多我们认为是来自他人的苦恼，其实来自自己。想不被这些苦恼击垮，我们需要重新找回对自己生活的掌控，做自己，为自己负责。

其中很重要的一个方面就是课题分离。课题分离用简单的一句话说明就是：你的事是你的事，我的事是我的事。我不对你的事指手画脚，也请你尊重并不妨碍我的事。

整理首先就是自我整理。在梳理自己的物品、空间、人际关系等与自身密切相关的项目时，重新认识自己的喜好、习惯，从而更清晰地了解自己的需求，对自己有一个整体且细致的把握。这个过程中，找回对自己的掌控感是非常重要的，对自己的生活有控制感会增强我们的自信，并安抚我们容易激动的大脑边缘系统，从应激反应中冷静下来，更容易接纳生活中的方方面面。

因此，建立边界是整理中一个很有效的构筑强大自我的方式。也是我们架设在自己与外界之间的一个保护层。在由外而内、又从内而外地了解自己的过程中，我们重新认识了自己，才有了接纳和爱自己的可能。

整理的过程，也是一个"看见"的过程，即认识自己的过程。在这个过程中，我们重新把自己的优点、缺点、思维方式、生活习惯、性格特征带入到意识层面，看到它们如何在生活中影响我们的每一个行动，影响物品的状态，影响空间状态的变化。

看见自己的物品、环境和生活状态，就是看见生活，看见自己的成就，看见自己的能力，看见自己可以拥有更多的可能性，所有这些看得见的接纳和认可，都是爱最基本的特质。

回到开头的左右脑分工理论，整理的过程既有逻辑性的左脑式工作，比如给物品分类，根据日常记录的数据总结自己的动线；也有偏向整合的右脑式工作，比如俯瞰，从整体上把握物品的状态。左右脑能量的平衡有助于我们拥有更稳定的情绪，更理智的思维和更多的创造力。一颗健康的大脑能够帮助我们发现自己更多的优势和生活中更多的可能，更好地认识自己。适合自己大脑工作方式的整理，有助于我们在提高生活效能的前提下，挖掘自身更多的潜能，成为更好的自己。

整理就是一个帮助我们发现自我、接纳自我、爱护自我，从而使我们拥有足够的能量去爱别人、爱世界的一种生活方式。

在整理物品的过程中，我们不断跟自己对话：

"原来我喜欢这样放置物品啊。"

"原来这样东西这么久没用了。"

"原来我留着这个没什么用处的东西，是因为我放不下过去那段难忘的回忆。"

"原来我不需要用物品去寄托，也能拥有对生活的美好向往。"

"原来我有这样的毛病啊。可是那又如何呢？这就是我啊，是特别的我的一部分啊。"

通过这样的对话，我们逐渐达成与自己的和解，改变看待自己、外界和生活的眼光。它很像写感恩日记，对那些不快乐的事情都心存感激转变，往往能够给予我们更多力量。这也是整理常常会把我们弄哭，却最终把我们变得更坚强的原因之一。

第二章

如何进行
自我整理

01

怎样理解自我整理?

自我整理分两个方面: 一个是外在的; 一个是内在的。

外在的自我整理即自主地将自己拥有的所有物品(包括虚拟物品, 如: 存储在电脑里的照片、文件等)和空间(包括虚拟空间, 比如移动硬盘, 云存储空间等)利用科学的方式整理一遍。内在的自我整理即关系整理, 整理与自己的关系、与原生家庭的关系、与亲密伴侣的关系、与朋友的关系、与工作的关系、与金钱的关系等。在这里我们先探讨外在的物品整理。其实, 有时候物品整理好了, 内在的整理会随

之发生让你想象不到的变化。

不妨试试!

自我整理有两大特点:

1. 自主整理。
2. 整理自己所有的物品（实体的和虚拟的物品）。

自我整理有标准和终点吗?

自我整理没有标准,把自己的空间整成杂志上样板间的样子,或者 INS 帐号上日本主妇家的样子并不是整理的最终目的。如果非得有个标准的话,那就是:"自己怎么舒服怎么来,怎么开心怎么来"。

自我整理是动态平衡的过程,没有所谓的终点。对我来说,只要活着,这辈子可能都会一直践行自我整理。在人生的每个阶段里,人、物、空间的关系和需求不尽相同。单身的时候物品少,所有空间都是自己的,只需要整理自己的物品和空间即可;同伴侣住在一起之后,空间被两个人的物品填满,不仅需要自己的收纳空间,还会出现公共物品的收纳空间,整理任务就变成了两个人和双份的物品;当有了小孩,变成三口之家时,大人的空间被新生命的大小物品"压榨",这种情况下又要重新规划空间和整理;三代同堂;家庭成员结构因某些原因而改变;买新房、搬新家等空间状况改变,等等。生活不息,整理不止。

当你状态不好的时候,整一整会让你获得一个新的角度去看世界。陷入抑郁情绪时,我会特别提醒自己不要带着情绪去整理房间,因为那个时候房间的状态就像我的内心一样,如果强迫自己去把房间收拾整齐,会觉得自己内外不一致,感觉更加"拧巴",

不易于从不良情绪中走出来。当我把情绪理顺，心里稍微有些准备的时候，才会去着手整理，在这个过程中你能体会到一种"自我疗愈"的成就感：自己关心了自己一下，摔倒了、自己站起来、拍拍裤子继续往前走。

这几年来，遇到过许多客户，他们的整理意愿很强，但实际执行起来，感觉就像在搅拌快要干掉的水泥一样费力，对应到自我整理中，自己的体会就是：他们的意识准备好了，但"心"还没准备好。所以我更加地笃定，整理是自己的课题，是与自己对话的有效方式。即便有专业的整理师在旁边加油、打气、给予技术支持，但当空间和物品的主人内心整理的意愿并不强烈时，需要停下来好好解决"心"的问题，厘清关系之后再去整理就会顺畅很多。

02

如何进行自我整理？

自我整理之前的准备：

1. 了解自己

自测惯用脑型，了解自己的脑型特征。像写动物观察笔记那样，从局外人的角度去观察自己的行为习惯。需要着重强调的是，切忌带着批判的眼光去观察，比如：记录到"晚上不洗澡就上床睡觉了"，就会觉得自己的个人卫生是不是有问题，咱不忙着自我批判，先老老实实地不带任何感情色彩地把这个事实记录下来。像侦探一样收集到所有资料之后再去分析整理"线索"。

2. 了解整理方法

学习一套系统的整理方法，试着按照这套方法执行下去，并"从一而终"。现在市面上有很多整理收纳方法，但成体系的不多，挑一套对得上眼的，了解透彻，然后按部就班、一步步执行下去，最后再看效果如何。一定要"从一而终"，很多医生给患者开了药，患者抱怨药不管用，大部分的原因在于——吃药的人没遵医嘱。即便中途再烦，你也要做下去，要相信做任何事情都是有意义的，即便到了最后发现，这套理论式方法不适合自己，那你也能特别清楚地知道自己的需求。

3. 一次只做一件事

开始整理了，步骤看上去很简单，也都认可其中道理，但很多人一做起来就会乱套。比如：整理衣橱的第一步是把所有的衣服拿出来，第二步是分类，第三步是决策（判断衣服要不要或者可以说"断舍离"）。很多第一次做整理的小伙伴会在从柜子里往外拿的过程中就开始做决策或直接"断舍离"了，这样算一次做了两件事。因为没有经历彻底的整理，经验不足，整理现场的衣服分类到最后，自己都不知道哪些是该"流通"的、哪些是该留下的。一次只做一个步骤，做完了再进行下一步，你会有种踏踏实实上台阶的感觉。

4. 只整理自己的物品

整理是自己的课题，刚开始整理的时候，就只能整理自己的所有物。第一，对自己的物品有话语权；第二，对自己的物品最了解。第三，对自己的摆放习惯最清楚。

大家有过东西被妈妈收拾得找不到的情况吗？己所不欲，勿施于人。当我们因为学了一点整理的皮毛，便跃跃欲试要去整理别人的物品时，想想当时自己的心情。

只整理自己的物品不仅可以排除家人对你的误解，也能获得尊重，久而久之边界感也会被整理出来，让我们拭目以待吧！

5. 心理准备

整理是费脑、费心又耗体力的事情，不好玩也不轻松。朋友圈看到的before和after美图，看上去简单、大方、美观，两张照片间隔的时间可能是十几个小时。

整理现场是个"大场面"，因为我们会建议大家把某个品类所有的物品都拿出来并且摊开。记得有一次帮客户整理她十年未动的衣橱，把衣柜里所有的衣服拿出来分好类，已经到中午了，放学回家的儿子看到这样的场景惊掉下巴，他问妈妈："你这是在做整理还是被洗劫了？"

6. 不被打扰的时间

自我整理是与自己对话的有效方式之一。当你在与自己对话的时候是不希望被打扰的，所以如果与家人同住，在预估好工作量和时间之后，同家人约定好，争取一段不被打扰的时间，再开展整理。

7. 准备工具：

A4纸、笔：把步骤和注意事项写下来，进行过程中感到迷茫之时，它可以提醒你下一步该做什么或不该做什么。

便利贴：在分类的时候，尤其推荐给右左脑型的人，这一类型的人会很不耐烦枯燥乏味的工作。便利贴是个非常好用的辅助工具，你只要把这个类别的名字写在便利贴上，贴在存放这类物品的区域即可，起到随时提醒的作用，并能够提高效率，整理完之后轻松撕下来即可。

计时器：设定番茄时间："使用番茄工作法，选择一个待完成的任务，将番茄时间设为 25 分钟，专注工作，中途不允许做任何与该任务无关的事，直到番茄时钟响起，然后进行短暂休息一下（5 分钟就行），再开始下一个番茄。每 4 个番茄时段多休息一会儿。"（摘自百度百科）工作或设定休息时间。有个辅助工具可以提醒自己劳逸结合。

纯色垫布：可以把要整理的的物品都集中到这块垫布上，一来卫生，二来需要整理的物品和待整理的物品界限清晰。

卷尺：偶尔需要买收纳用品，尺寸匹配才可以。卷尺可以让你及时记录下家具或者柜体的尺寸，便于整理之后购买收纳工具的统计。如果要挪动家具，卷尺也能帮你在付出体力之前判断是否应该行动。

8. 拍摄整理前的照片（before）

在整理之前针对将要整理的区域拍一张照片，整理之后在同一角度再拍一张照片。

整理过程并不愉快，努力的时间太长，成就感也只是片刻的事，我们会很容易忘记正在整理的场景原本的样子，拍摄了 B&A 照片，不仅可以记录"成就感"，也会让我们用"上帝视角"来重新审视自己的空间。

03
自我整理的阶段和常见问题

2013 年践行自我整理以来，见证了自己的和身边好友的自我整理、对较熟的整理师朋友的自我整理也有些了解。基于这些了解，我发现自我整理基本可以分为以下六大阶段。

第一阶段：行动期

开始整理自己的物品，兴致很高。身边的人也会因为你的积极行动受到正向的影响。这个时候大家基本都是开心的。

第二阶段："自恋"期

沉浸在自己的作品（整理成果）中无法自拔。这个阶段外向的人大都会把整理的前后对比图发到社交平台上，等待朋友们的点赞，点赞越多成就感越高。于是开始向身边的人推荐这套神奇的"魔法"。

第三阶段："魔爪"期

把整理的"魔爪"伸向身边的人。这个阶段，身边的朋友、同事和亲人，大都知道你的整理故事和结果。你会认为这个方法很好，每个人都要动起来，动起来就能跟我一样好了。于是继续宣讲"整理大法好"，甚至在亲友盛情难却的状态下，徒手代他们整理。这个阶段的小伙伴一般不太会去考虑别人的感受和习惯，只是一味输出自己的价值观："这个工具好用！""这样摆最好！""这个东西丢了吧！""这个东西好呀，留着吧，丢了好可惜！"等。

◎ Tips:

这个阶段很容易影响人与人之间的关系，这也是为什么我不建议刚做完自我整理的人立刻去帮别人做整理的原因，哪怕对方是你的至亲。

第四阶段：心痒、手痒期

轻微"心痒、手痒"阶段。对于别人的空间，也还是会看不顺眼，但不会"强买强卖"了。但憋不住还是会"瞎"提建议，"整理大法好"的残余力量还在脑子里，"整理的方式方法因人而异"的思维方式还未入驻，这个阶段还会有轻微动手代整的"症状"。

◎ Tips:

"整理大法"好是好，但是每个人的"法"不一样。

第五阶段：课题分离期

可以做到"课题分离"——"那是他的事，他负责，与我无关"。对之前看不顺眼的空间，表示理解，会从"人"的角度去看待空间，比如：沙发为什么这么乱？可能是因为主人忙碌的生活习惯导致的。遇到别人求助空间问题时，你可以提供的不只是收纳技巧，还能提出一些对混乱背后的问题的思考。

第六阶段："佛系"期

看到混乱无序的空间还是兴奋，但不是"撸起袖子整起来"的兴奋，而是"看到一道应用题，无需动笔，在脑子里给出一套解题思路"的兴奋。有朋友来咨询整理困扰的时候，你大概可以判断出他困扰的根源在哪里，自己知道之后，甚至会劝朋友不要整理，试着接受现状，当朋友放下心理障碍接受自己的时候，再找合适的机会给出一些整理方法，用一种"润物细无声"的策略去协助他人完成整理。

很好笑的是，到了这个阶段的时候，朋友都不太敢请我去他们家做客，生怕我再说些什么、做些什么，搞得很像卫生局去检查卫生。这都是第三阶段"魔爪"期留下的后遗症。不过不要担心，当你一直"佛"下去之后，后遗症会不治自愈。

这六个阶段过后，如果你想做一名称职的整理师，那么恭喜你！基础已经打好，找个认可的机构继续去学习帮助别人整理的技巧即可。

接下来说说，我自己和学员们在做自我整理中遇到的常见问题：

1. 无法确定整理的标准和结果，怎么办？

标准：怎么舒服，怎么整。

检验标准：你现在想回家么？

在外面奔波了一天，想回家么？在车里坐一会儿再回家？找其他地方去，必须熬到要睡觉了再回家？一说到"回家"，脑子里飘出来的关键词是什么：充电桩？温馨？

家的感觉真好？还是，一堆脏衣服？混乱的书架？凌乱的写字桌？放不下一只碗的餐桌？

2. 不知道一个空间的家具怎么摆放、物品怎么收纳，怎么办？

逆向使用基本演绎法。

基本演绎法是从普遍性结论或一般性事理推导出个别性结论的论证方法。从一般原理或前提出发，经过删除和精化的过程推导出结论。演绎法主要有下四个步骤：①设想可能的原因；②用已有的数据排除不正确的假设；③精化余下的假设；④证明余下的假设。

简单来说就是福尔摩斯破案的一套方法论。他会在犯罪现场浏览所有的物品，了解每个物品的状态：破碎的、污损的、扭曲的等，并在脑子中去推演它们形成的原因，推演结束，即找到答案。

我也会将基本演绎法运用到整理工作中，比如看到令客户困扰的空间，做上门咨询的时候，我会去询问空间主人的习惯、主人的日常、主人赋予空间的功能等信息，然后再去看空间的状况，里面的物品和摆放位置，即所有物品的状态是否与主人赋予空间的功能有出入？问题出在哪里？依据得到的所有信息去推演，推演结束，整理方案就出来了。

做自我整理的时候，我们也可以这样倒着来。比如，你现在要整理一个玄关，先不考虑杂志、家居 APP 上的千万种参考，甚至整理方法、收纳工具，这些都不要考虑。

第一步：想

只需闭上眼睛想想，在玄关处你会做些什么：

进门：

版本 1: 放下钥匙——放下包 / 伞——换拖鞋——收纳外穿的鞋子——脱外套挂外套 / 帽子。

版本 2: 放下钥匙——放下包 / 伞 / 快递——换拖鞋——收纳外穿的鞋子——脱外套挂外套 / 帽子——拆快递。

出门：

穿衣服 / 帽子——穿鞋——拎包 / 伞——拿钥匙——出门——锁门。

第二步：列

想完之后，我们再去思考，这一系列动作需要什么样的家居和收纳工具呢？从第一个动作开始列：钥匙盘、雨伞收纳空间 / 伞桶、挂包钩、换鞋凳、鞋柜、鞋垫、挂衣钩、帽架、美工刀 / 剪刀（拆快递用）。这个时候我们就很清楚地知道玄关处要收纳的"必需品"有哪些了，那些与进门流程无关的物品在做整理的时候尽量减少即可。

第三步：还原动作

这一步需要你站起来出门，演练一遍进门的流程，看看你的习惯动作是什么，喜欢在哪边挂衣服、衣钩设置在多高最顺手、换鞋的时候喜欢扶着门框还是鞋柜，是蹲着还是坐着等。这样可以帮助你确定每个物品的摆放位置，这样做了，整理之后维持起来也会很容易。

这个方法没有让你去直面现有的空间困扰，而是给你一张"白纸"，依据自己的需求把最适合自己的空间样子"画"出来，再着手进行整理：该丢的丢、该换位置的换位置、该添置的添置、该改造的改造。这个方法同样适用于设计装修。

3. "魔爪"期，如何避免将"魔爪"伸向其他人？

我非常理解"魔爪"期手痒的心理。

方案一：换个方向伸"魔爪"

经历过一次彻底的、全面的整理，短期内是不会再有自我整理任务了，于是身边的小伙伴就很危险，难逃我们的"魔爪"。学整理有三个阶段：第一阶段，学习整理；第二阶段，践行整理，学以致用；第三阶段，输出整理，用整理去协助其他人。其实想替别人整理是学整理的最后一个阶段，我们不一定要用"替别人整理"来实现，可以换一种方式。比如用文字、图片、视频的方式输出。你可以在自己的社交平台发布整理心得、拍下整理前后的照片，告诉大家两张照片前后经历了什么、日常做整理的时候拍些小视频自娱自乐等。你会发现，还有很多技能要学习，比如，写作——文案编辑，摄影——构图、色彩、修图、剪辑，等等。

利用新的学习去转移对"魔爪"的注意力，既学习了新的知识技能又达到了输出整理的目的、还保住了和谐的关系，一箭三雕，何乐而不为呢？

方案二：找到组织 互相一起"挠"

日常生活中都会有以整理收纳为主题的线上社群，挑个喜欢的入群。如果没有，你也可以自己组织一个，把那些想要练就"魔爪"的和已经拥有"魔爪"的小伙伴聚集在一起，来释放你们的"整理输出"。在虚拟空间里，天高皇帝远的物理区隔使我们"挠"不到那么远，构不成实质性伤害。

4. 遇到整理中的"墨菲定律"，怎么办?

刚流通出去的物品，不出三天就会用到它。

想办法用其他类似的物品替代，或借或租，如果可以被替代，那就不要再去想了。
如果不能被替代，就再买一个自己喜欢的回来。不需要想太多，你丢掉的那个正在
其他地方发光发热，新买的这个跟你更搭哦!

04

自我整理的步骤

2013 年开始，我践行自我整理时用的是"整理教主"——近藤麻理惠的"心动整理法"，最受用的不是"心动"的感觉，而是整理物品的顺序。一开始我没把整理顺序当回事儿，后来发现，即便扔了很多东西、身边的物品都是有用的、喜欢的，却还是有一种整不完的感觉。虽说喜欢整理，但这种看不到尽头的整理过程有时候让人很懊恼，而且总是遇到瓶颈，刚开始整理的成就感在后面的整理过程中变得越来越弱。

后来反复看书的过程中才注意到，"教主"在书中着重强调了顺序。"为什么说这是正确的顺序呢？我只能说这是我把前半生都奉献给整理之后所总结的经验。"（《怦然心动的人生整理魔法》）"教主"都这么说了，我又是经验派，因此只好按部就班开始从头整起，"首先是衣服类，其次是书籍类、文件类、小件物品类，最后是纪念品类。"发现效率和成就感都提高了。整理不再茫茫没有尽头，反而像升级打怪一样有趣。

接下来我会依照"教主"的整理顺序，结合我在自我整理、以及为客户整理各类物品时总结的经验，跟大家分享我的《自我整理提案》。

~ 衣服类 ~

首先我们要了解衣服类的物品具体指什么？简单地说，就是穿戴在身上的所有物品。

为什么要从衣服类开始整理呢？因为这类物品我们最常用、最有感知，好看不好看、合身不合身可以立刻判断，数量也是各类别物品中最多的。在整理衣服类物品的过程中，我们可以练习两个能力：一个是分类能力；另一个是决策能力。因为数量多，大量的练习可以为之后其他类别物品的整理奠定技术基础。

衣服整理的步骤流程图

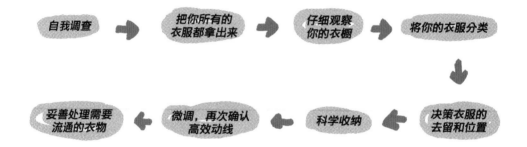

◎ 步骤：

第一步：自我调查

站在穿衣镜前，好好看看自己，重新审视自己的外貌和穿着。这么做有以下几个目的：

1. 了解自己的穿衣风格：整理的时候，遇到不符合自己肤色、身材、年龄、气质的衣服，就可以考虑它们的去留了。

2. 了解自己的穿衣结构：比如，我冬天的穿衣结构是：内衣、短袖T恤（高领毛衣）、衬衣、外套。T恤是四季单品，所以做换季整理的时候，就不能像生活在北方的人那样，冬天把短袖 T 恤当作非当季类衣物收纳起来。这一步关乎收纳的位置。

3. 了解自己经常出席的场合、以及每种场合的时间和次数：了解自己经常出席哪些场合，把衣服类型固定在一定范围内。知道每种场合出席的次数和时间在生活中的占比，把每个类型的衣服数量圈定。

第二步：把你所有的衣服都拿出来

记得拍照：在拿衣服之前，给衣橱拍张全貌图，你即将会遗忘它的样子，留个纪念。整理完之后可以做对比图。

"所有的"是指属于你的，放在你的居住空间内任何地方，所有属于你自己——你在穿、在使用的衣服。它们可能会在伴侣的衣橱里、小孩的衣橱里、阳台的行李箱里、爸妈衣柜顶上的压缩袋里……总之，把你的衣服拿出来并集中到一处。

◎ Tips:

前方高能预警！对于从没有做过衣橱整理的人来说，这将是个大场面，请不要害怕，相信自己，你一定可以完成的。

如果你已经开始拿衣服，请注意：这一步只做往外拿衣服的动作，遇到立刻就可以判断不要的衣服，先不要扔；往外拿的过程中开始做分类的同学，也请先憋住！

为什么呢？因为如果衣服数量多，往往做到最后，第二步的时间拖得太长会影响进度；决策得又不彻底，会影响第五步（决策衣服的去留和位置）的体验感。这个时候做分类是不明智的，千万别认为这是自己的衣橱就会清楚地知道衣服数量和风格，现实的残酷常常会使你感到精疲力竭。

之前在做自我整理的时候，我经常会发现，"自己原来还有这件衣服！"给客户做整理的过程中，也经常听到客户惊呼，"这件衣服是哪儿来的？""天！我居然还留着它！"如果在没有清楚了解自己衣橱内所有衣服的情况下妄做分类，得到的结果会是：①分类项目过多，增加后续决策的压力；②分类物品界限模糊，没有头绪；③地板上的空间不够摆放，容易手忙脚乱。

记住："一次只做一件事情"，同时有两个目标等于没有目标。

拍张照片，在惊叹于照片中"小小衣橱有大大能量"的同时，也会切身体会到自己的"富有"。

第三步：仔细观察你的衣橱

这个时候，你的衣橱应该空了。如果它不是空的，那么请继续拿出剩余衣物，务必清空它。同时，衣橱空空的样子十分难得，赶紧拍照留念。看着照片对照衣橱，你可以尝试用上帝视角去做规划。

有一次为客户做衣橱整理时，拉开门，拨开几件挂着的衣服，居然发现里面"藏"着一台电视。这种匪夷所思的设置在后来与女主人一起梳理的时候找到了原因：因为主卧太小，男主人又有躺在床上看电视的需求，所以就把电视塞进衣橱里了，后来每次看的时候都要把衣服拨走，又总是需要开关门，十分不方便，慢慢地电视便成了闲置，久而久之被遗忘在衣橱中，成了"房间里的大象"——一些非常显而易见的，可是一直被忽略的问题。这样一来，卧室飘窗上堆满衣服的原因也找到了。

衣柜的"职责"是收纳衣服，而不是收纳除衣服类以外的别的物品，所以，整理有时候也是在做"还原家具本职工作"的事情。

衣橱清空了，你可以看到它的内在结构：挂杆区、抽屉，还有很多不知道怎么用的尴尬空间，例如很多又深又矮的格子。在脑海中初步规划一下，哪类衣服放在哪里，这时可以将衣服的类别写在便签上，贴在相应的位置，以免进行后面收纳步骤的时候忘记原本的规划。

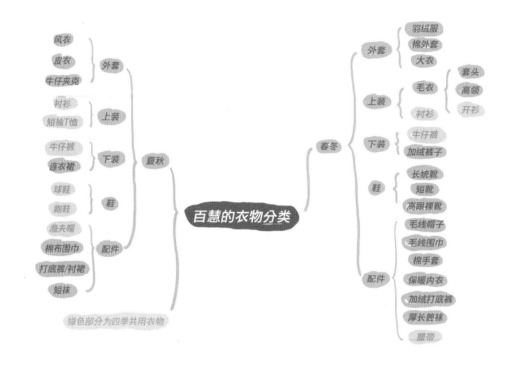

第四步：将你的衣服分类

　分类的标准因人而异，南北方差异也很大。可以按照季节、功能、衣服材质、颜色、长短、风格、使用场合等标准进行分类。

以我的标准为例，因为常年生活在厦门，四季气温变化没有北方明显，温差也不大，加上我经常出差，尤其在秋冬季交替的时候去北方，厦门还在穿短袖单衣，北方的温度已降至10℃。所以，我会以"功能"为标准来划分自己所有的衣服，并且衣橱做的是"不换季的整理"，所有的衣服都收纳在我伸手就能拿到的地方。百慧在北方生活，于是每年会做换季整理：在冬天，把夏天的衣服打包收纳起来；

在夏天，把冬天的衣服打包收纳起来。除此之外，我们对衣物的整理方式大致相同。

按"功能"将衣服分为上半身穿的、下半身穿的、内搭和配饰

上半身：短袖 T 恤、长袖 T 恤、衬衣、卫衣、毛衣、外套、羽绒服、大衣

下半身：长裤、短裤

内搭：内衣、内裤、袜子、打底长裤、睡衣裤

配饰：帽子、围巾、手套、鞋子、包

我不按照季节分，是因为工作关系随时会用到非当季的衣服。不按风格、材质、颜色、场合分，是因为我的穿搭风格比较简单，衣服数量亦不多。每个人的生活状态不同、人生阶段不同、社会角色不同，决策衣服的标准肯定也不同。所以想要知道你的分类标准是什么，可以去参考第一步的"自我调查"，依据调查结果，将自己的分类项目一一写在便签纸上，做分类的时候贴到附近，不仅可以起到提示作用，也会让你很有安全感，不必担心发生"分类无能"的情况。

如果真的遇到了怎么都不知道要归在哪一类的衣服，那就干脆分出一个类别，就叫"类型模糊区"，等到所有的衣服都分类结束之后，再对"类型模糊区"的衣物进行归类。尽量不要让这类衣物消耗掉你的耐心和精力。这个过程或许枯燥，你可以跟自己做个游戏，把自己当作流水线上没有感情的分拣机器人，看看能否做到"按写好的那样去分类"。撇开情绪和情感的部分，这一步会进行得比你想象中快。

◎ Tips:

1. 遇到"纪念品"

分类的过程中，难免会遇到几件情感功能大过使用功能的衣服，比如"伴侣在确定关系之后，花半个月的工资送给

使用

喜欢

黄金收纳区

常用且喜欢

非黄金收纳区

非黄金收纳区

不常用但喜欢

转换

常用却不喜欢

大量减少

丢弃

不常用也不喜欢

黄金收纳区

非黄金收纳区

非黄金收纳区

我的衣服""念书的时候跟要好的姐妹一起买的姐妹装""某次因工作努力而获奖，穿上台领奖的小礼服"等等，这类"重情感"的衣服，它们就不是"衣服"，而是纪念品。所以我们需要单独把这类衣服拎出来，拿到后面纪念品的环节再去整理。那收在哪儿呢？你可以单独拿一个抽屉或者纸箱来收纳这类衣服，并做好标记："纪念品类衣物"。

2. 按下"去丢衣服"的手

到了分类这一步，又有很多同学想要"三步并作两步走了"。且打住！还记得"一次只做一件事情，同时拥有两个目标等于没有目标"吗？还是老问题，如果分类没有结束就做丢弃动作的话，万一把本来要搭配那件小碎花衬衣的牛仔裤丢了怎么办？再去丢弃区域翻找？这样不是不可以，但希望你会有多余的精力去做这件事，因为无数次的经验告诉我，这会让人消耗许多无谓的精力。我的很多客户经常会遇到类似的情况，最后的结果往往是找不到那件牛仔裤，或者历经千辛万苦找到之后，发现其实它们并没有那么搭"小碎花"，最后连衬衣也一并舍弃了。所以，我们需要完成分类的步骤之后，再依据"自我调查"的结果统筹地去做决策。

然后，记得拍照：记录你或轻松或困难的分类历程，并恭喜自己，从这个环节顺利毕业！

第五步：决策衣服的去留和位置

欢迎来到耗脑、走心又令人兴奋的环节！如果你现在已经筋疲力竭、开始人生三问了——我是谁？我在哪儿？我为什么跟自己过不去，要做衣橱整理？那赶紧暂停！坐下来休息十分钟，给自己些奖励：喝杯咖啡，吃个小蛋糕。这个时候可以翻看一下之前拍的照片，以获得成就感，等精力恢复之后再继续。正所谓：不忘初心，方得始终。

休息好了吗？我们继续！

先来学习一下四象限分类法，这是在规划整理中学到的特别好用的工具，在我看来，它不仅可以帮你决策物品的去留，还能向指南针一样告诉你什么东西应该放在什么位置。

具体怎么做呢？

先在纸上画出横、纵坐标，右边横坐标上写"喜欢"，上面的纵坐标上写"使用"，"喜欢"和"使用"是挑选物品的基础标准。第一象限是：喜欢且经常使用的物品；第二象限是：不喜欢但经常使用的物品；第三象限是：不喜欢也不经常使用的物品；第四象限是：喜欢但不常使用的物品。

我的一位时尚博主客户不太理解自己为何会有第二象限的物品，但当我们开始进行决策的时候，第二象限的区域开始慢慢被填满。我们对衣服有时候是最有感触，同时又是最没感觉的。在最没感觉的时候，就可以拿出"四象限"大法！

分类完成之后，我们再来看看怎么收纳——四象限法的指南针功能：

第一象限：喜欢又常用的衣服，当然是收纳在伸手就能拿到的地方，即黄金收纳区——站立时，从眼睛部位到膝盖部位的收纳空间，如挂杆区、抽屉等。

第二象限：没那么喜欢但是会经常使用的衣服，也是要放在黄金收纳区。简言之，黄金收纳区就是经常使用衣服的集中收纳空间。这个象限的衣服数量如果较多，可以依据自己的情况做一下取舍。

这个象限会常出现：工装、校服、遛狗专门穿的衣服、"在家干活儿"穿的衣服等。也可以在之后的自我整理中，把这个象限的衣服转化为第一象限，即喜欢又经常使用的衣服，幸福感会爆棚哦！比如，夏天经常穿的一件功能性很强的防晒服，我只需要它的功能，但是款式并不是那么的喜欢，当我发现喜欢的款式，功能性又俱佳的防晒服时，会果断买下，去替代原本待在第二象限的防晒服。

◎ Tips:

留下功能性最强的，数量控制在够换洗即可。

这个象限会常出现：工装、校服、遛狗服、"干活儿"的衣服、"在家穿"的衣服等。也可以在之后的自我整理中，把这个象限的衣服尽量用第一象限喜欢又常使用的衣服去替换。幸福感会爆棚哦！

第三象限：不喜欢也不常用的衣服。这个象限的数量是可以大胆去做减法的，如果有实在丢不掉、不能丢的情况，比如亲人送的、至亲亲手织的、纪念品衣服等情感因素大于使用的衣服，咱们可以集中收起来。因为不会再去使用，但暂时又不知道要怎么处理的，可以集中放在一起，一并收纳到非黄金收纳区——眼睛以上、膝盖以下的区域——比如衣橱的顶柜上、衣橱拐角的最深处、衣橱最下方的格子深处。做好标记，清楚里面放了什么东西即可。

第四象限：喜欢但不经常使用的衣服。在这个象限的衣服做减法是比较难的，只要与情感有关系，我们就会变犹豫。这个象限也常会出现"纪念品衣物"。虽然不能大量减少数量，但我们可以将它们从经常使用的黄金收纳区挪走，依据自己的使用频率和习惯放在稍微好拿一些的非黄金收纳区。

学习完理论知识，具体怎么操作呢？

1. 在客厅里找一片干净的空地（此时卧室的床上和地上应该堆满了已经分类好的衣服，没处下脚）铺一个纯色的垫布。
2. 用带颜色的胶带在垫布上／干净的空地上贴出横纵坐标。
3. 再把四个象限代表的含义分别写在便签纸上，贴在垫布相应的位置。
4. 将分类好的衣服一类一类地放进四个象限内。将决定不要的衣服集中放到大的不透明的"垃圾袋"中。剩下的衣服再按照决策好的顺序放回原来堆放这类物品的"车位"。以此类推，决策完所有的衣服。

确定不要的衣服和留下来的衣服，条件允许的话，最好放在两个空间，将留下的物品和要流通出去的物品分开来。

为保证决策过程中的专心，最后再拍照，拍一张需要流通出去的物品——"垃圾袋"的照片，感谢它们并道别。

第六步：科学收纳

以"方便拿取""怎么懒怎么来"的原则去做收纳，同时也要注意顺序。

这一步开始做"收纳"，谨记四象限法的指南针要点，照着去做，如果不确定自己是否收纳好了，就用"方便拿取吗？""如果我犯懒了，还会把它放回去吗？"之类的问题来检验。

把必须挂起来的衣服（当季常穿的、怕折痕的）先全部挂起来。你的"战场"会瞬间变清爽，在自我整理过程中，需要时不时地给自己视觉上的"强烈"对比和心里上的成就感，比如将要的不要的分开放，让自己看到决策的步骤带来的效果，否则，连续四五个小时在衣服堆里"埋头苦整"，再勤快的人也会崩溃。

接下来去收纳大件的，比如厚外套，该挂的挂、该收纳的

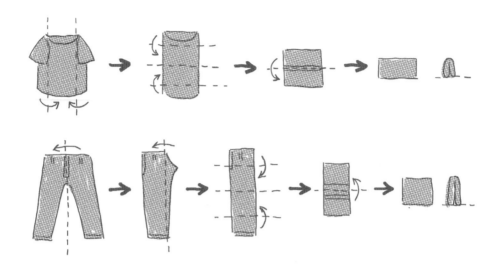

收纳，这样又减少了视觉上的"一大部分"。再深吸一口气，把数量最多的那个品类，一鼓作气收完。做收纳的时候一定要注意留白，预留一些富裕的空间，心里要允许有空的地方存在，先不要被"空在那里，就是浪费"的想法影响，因为在没有全部整理完的时候，谁都不知道从哪里会再蹦出来些什么。即便最后整理完，"空在那里"也没有关系，你不需要把它填满，因为你所有的物品都各得其所了。反倒要好好觉察一下自己的内心，有哪一部分没被"填满"，哪里还觉得不满足。

如果你想在这一部分看到如何叠上衣、裤子、围巾、卫衣、内衣、袜子……那可能要让你失望了，因为许多次为他人整理的经历告诉我，叠衣服并不适合所有人，就连百慧这么勤快的人，还是有很多衣服需要挂起来。虽然叠衣服不是自我整理的必杀技，但我可以分享给大家一个把衣服叠得"很懂事"的万用公式：无论你手头拿到什么形状的衣服，只要把它变成一个长方形，然后再从一头慢慢折叠到另一头就可以了。

第七步：微调，再次确认高效动线

恭喜你走到这里！

衣服都收到衣橱里了，这个时候我们可以模拟一下起床换衣服时的情景。不要害羞，走动起来去"扮演"日常拿衣服的你，检查一下有没有不顺手的地方。视觉上进行微调，以自己的审美和习惯去摆放抽屉里的 T 恤、袜子、内裤，调整挂杆上的衣服。

给大家一个参考：

1. 挂杆上衣服的调整：长短，左边长右边短（或因衣柜的结构反之）；颜色，左边深右边浅；厚薄，左边厚右边薄。
2. 抽屉中衣服的调整：颜色，里面深外面浅。

大家可能都看出来了，原则就是在某种意义上做到"有序"即可。视觉上的有序能大大地帮助我们提高空间上的"整齐感"。

第八步：妥善处理需要流通出去的衣物

没有处理流通物品环节的整理是不完整的。处理流通物品需要做到"稳""准""狠"，"稳"：要稳重，依据自己指定的标准去决策，而不是到后面扔"嗨"了，就抛弃了自己的原则。"准"：确定你要流通的物品，避免事后后悔。"狠"：如果决心整理，决定改变，就得稍微有点"狠"劲儿，坚决一些。流通方式有四种：丢、送、捐、卖。

1. 丢：五颗星推荐。可以把衣服用干净的塑料袋包好，在袋子外贴上"旧衣服，可穿"的纸条。放在垃圾桶附近。"物"各有命，它们在你这里的使命结束了，接下来也会找到它们的价值所在。流通掉的物品也是你缴的"学费"，再次进行同类物品消费时，可以停下来想想，那些被你丢掉的物品，思考一下接下来要买的这件物品拿回去会用吗？家里有同类型的衣服吗？收纳在哪里？

脑子里走过一遍流程之后再做决定，这就是丢弃的意义。为何"丢"是五星推荐的解决办法？因为最省时间，"教育"的效果也是最好的。

◎ Tips:

避开家人做这件事情，无论如何尽量避免在做自我整理的时候影响与家人的关系。

2.送：两星推荐。送的标准是"你情我愿"，而不是"强买强卖"。只要把握好这一点即可。"送"比"丢"花的时间和费的心力多些。送也是蛮讲"缘分"的，在第N次衣服类整理结束后，我需要流通一只对我来说比较特别的帆布包，那只包是还在做咖啡师的时候，因工作表现优异获得的奖品，是一只从京都带回来的信三郎帆布包。流通它的原因是好几年都没有再用过，某种意义上也是对过去那份工作的告别。后来这只包送给了一位喜欢"阿美咔叽"风的咖啡馆老板娘，时不时还会在朋友圈里看到她使用那只包的美图，每次看到都很开心，它的价值和意义又一次被体现了。

3. 捐：三星推荐。平日可以关注一些政府精准扶贫的项目和收旧衣的公众号，按照他们的要求寄出即可。"捐"比较挑衣服和时间，并不是你不要的衣服就会立刻被照单全收。

4. 卖：两星推荐。如果你享受卖货和做客服的乐趣，那可以大胆尝试一下。但如果你的时间比较值钱，建议找家二手寄卖机构，付一定的手续费，让专业的人做专业的事。

一个小故事：

没开始衣橱整理之前，我对自己的衣品和审美极度不自信，甚至是自卑的。

我有一个心灵手巧的爸爸，业余裁缝。闲暇之余有偿帮邻居、同事改个裤脚、修个扣眼、做件马甲啥的补贴家用。我6岁之前的衣服基本上都是爸爸做的，他尤其爱做背带裤，星星、条纹、波点、灯芯绒……老实说，我都要穿吐了，除了过年会买新衣服以外，基本都是爸爸做什么，我穿什么。在选择衣服这件事上，我基本没有话语权。

上学的时候，学校因杜绝互相攀比的行为，会强制学生在上学期间穿校服。因此，那时属于自己的衣服也没有多少。

敢问谁有个爱给妹妹寄衣服的大表姐啊？我就有一个。表姐那时候估计工作压力大，喜欢用购物来排解压力，衣服多到自己穿不完，正好我俩身高胖瘦差不多，我便成了她衣服的"接班人"。几乎整个青春期，我的衣服构成是：表姐的衣服、校服和少量自己买的衣服。

工作之后，有能力做主给自己买衣服的时候，我兴奋地摩拳擦掌，可衣服买回来我觉得自己选择失败！我丧失审美，每次到要买衣服的时候都特别焦虑，完全不知道自己想要穿成什么样子。那种焦虑有时候会严重到觉得自己穿成什么样子，别人都在笑话我。总是买自己看上去觉得好看，但不敢穿出门的衣服，会觉得衣服在"穿"我，而不是我在穿衣服。

在尝试谨慎地舍弃一些不适合自己的衣服、重新购买能提升自信心的基础款之后，渐渐发觉自己的衣品和审美能力增强了。担心被笑话的焦虑感也逐渐消失。衣服越买越贵、品质越买越好。

虽说现在的衣品和审美也没见得好到哪儿去，在我看来，是自我整理拯救了它们，重新让我由内而外地认识了自己。过程中有些许痛苦，但结果可喜。丢掉的衣服像是交出的学费，No Pain No Gain。

到现在，如果有人表达要把自己不要的衣服连问都不问，就寄给自己的亲戚朋友的想法时，我都会把自己的亲身经历讲给他听。自己不需要的东西，是自己的课题，不要把这个课题甩给别人，如果你真心觉得这件衣服适合他，就问问他是否愿意出钱买走，如果愿意出钱就卖，不愿意出钱就不要送了。这是一个检验你是否在"勉为其难"的办法。丢掉，就是羞耻或者浪费，强制送给别人就不是了吗？这个问题很值得我们仔细思考一下。

◎ 百慧说

一、你是痴迷买衣服还是不想接纳自己？

罗布和我都有过频繁买衣服的阶段，终于可以不再按照他人的意愿穿衣服，我们开始尝试摸索自己的风格。

我们买错过很多衣服，不过这并不是最重要的，如今回过头去看，我们发现自己当时不仅对衣服一无所知，对自己也一无所知。

首先，我们不了解自己的喜好，不知道自己喜欢什么，大都参照那个时候在电影、网络上看到的理想穿搭类型并去尝试接近的风格，又因为财力的限制，我们能买到的合适的东西实在有限。更别提对衣服的材质、穿着年限等方面的深入考量。老实说我们根本顾不过来，只要能买到心仪的衣服就够了，可心仪的衣服又好像总也买不到，买多少都不满意，我们也陷入了这样的怪圈。

其次，我们对自己的身体也一无所知。不知道自己的身材哪里是优点，哪里是缺点，而且长期处在一种隐秘的、不易察觉的身体厌恶中。我会觉得自己胖，想拼命遮住肥肉，这会让我更倾向于选择肥大的衣服。站在遮丑的角度选衣服，永远不可能选到合适的，这并不只是因为选择目标过于单一，更在于总是看到自己的缺点会让人失去信心。

对于穿衣这件事，我们更多地站在一个被动的角度，把自己当成一个被观看的物品来对待。实际上，穿衣服首先是为了身体的舒适，我们需要在外部环境的寒冷与炎热之间为自己创造一个保护层；其次，衣服也是我们表达自己是谁的方式，而不是向别人讨好，期待获得他人认可的卑微。

因此，穿衣服最终还是要回归自身，就像我们在整理衣橱时会不断地问自己：喜欢什么样的衣服？穿什么样的衣服让自己感觉舒服？什么样的衣服会让自己觉得自信？什么样的衣服最能表达自己的个性？这些问题的答案都可以让我们找到令自己心动的衣服，更重要的是，回答这些问题，我们可以找到令自己心动的自己。

二、请摆脱对自己身体的厌恶

有很长一段时间，我心里总是徘徊着一句话：等我有了完美身材……

这句话背后隐藏着很多东西，最直接的是对自己身材的不接受，它们化作一些自我对话一直困扰着我：

"现在的我穿什么也不会好看，因为身材不好，不好看的我不值得被爱。"

"只有身材好了，我才配得上高级的衣服和漂亮的高跟鞋，现在的我穿那些只会糟蹋了它们。"

"我不愿意花时间打扮自己不是因为我有更重要的事要做，

而是因为打扮了也没用。"

"我只有身材变好才有可能得到别人的欣赏和尊重，我的能力才有可能被认可。"

……

不知道这些问题你是不是也曾问过自己，在我接触整理许久，觉得自己有些心得之后，我依旧没有正视这些自我对话。我选择无条件地相信它们，从 2016 年第一次接触健身的观点至今，我先后进行过至少五次阶段性的健身，目的都是为了瘦，每次都有一些效果，但每次都不知因为什么而不了了之，然后我的体重又反弹了回去。

有些事虽然客观上是有好处的，却无法给予我们主观上的快乐。使用了不合适的收纳方式，最后空间还是要乱，因为我们的心里有一堵墙，阻挡我们接纳真正的自己，从而依赖他人的价值观。

不去质疑这些问题，而坚持运动的执念，就好像不问自己为什么断舍离，就拼命地扔东西一样，我最终失去了对运动的兴趣。

于是我决定好好整理一下有关做运动的想法，以"运动给我的收获"和"我对运动的感觉"为参考依据，我写下了所有关于运动的想法。

运动带给我的收获：

1. 力量感。
2. 活力和快乐。
3. 能够呼吸户外的空气，看风景。

我对运动的感觉：

1. 跑步的时候，觉得自己充满力量。
2. 举铁的时候感觉自己像超级英雄。
3. 我居然可以做这个、这个和这个，我以为我不行的。

这让我发现，每次想做运动的时候，我其实是期待它带给我的自信和快乐。当怀着这样的心情做运动时，我不会强迫自己做很多很累的项目，而是享受这个过程；而当我抱着减肥的目的做运动时，我会介意自己的运动量够不够，能不能达到目标，不能达到自己会有多失望，久而久之运动的动力就消磨光了。

原来我在运动这件事里寻找的，从来不是身材变得更好。如果我只是抱着减肥的目的去运动，总有一天我会觉得这件事没有意义而再次放弃。

于是我改变了逼迫自己运动的方式，只在想跑步的时候出门跑步，因为住在海边，看着海岸线跑步真的让我感觉很放松、很开心；也不再强迫自己做并不喜欢的 HIIT（高强度间歇性训练），除非真的想去做。

现在东西更少，一目了然，用了合适的收纳工具，也不用花太多时间去整理和叠衣服，每件衣服都喜欢，都在穿，让人更懂得珍惜。

逼迫背后是疏离和抗拒，我们可以凭意志拒绝美味的奶酪蛋糕、炸鸡、冰淇淋、香喷喷的白米饭和红油火锅，去吃煮地瓜、炒油麦菜、淡而无味的燕麦粥……但我们会焦虑，在内心里为几十个大卡跟一块"驴打滚"斗争的时候，我们也许会忍不住问自己为什么要这么活着。

回到问题的最初：对自己的身材不满意，说得根本一些，是我不接受自己。将自己当作一个被观看的对象，而不是一个活生生的人。

所以我认为需要改变自己去配合衣服，觉得自己"配不上"某些高档的衣服，总是用"等身材好了……"这样的句式将为自己负责的事放到未知的将来。我忘了，衣服是因为身体要穿才被制作出来的，是因为身体需要感觉到温暖、舒适才被设计成某些样子的，是因为我们最初要照顾自己的愿望而被使用起来的。

主体不是衣服，而是我们自己，我害怕的不是身材不好，而是无法接纳自己，因为社会将某些价值观深深植入我们的内心，使我们成为更符合它要求的个体，而不是每一个独特的自己。

如果你只能接受部分的自己，终究要陷入矛盾的痛苦之中。两种甚至三种性格侧面会互相攻击，因为它们都认为只有自己才是最完美的。难道我们不应该是各种特性和谐共生、互相融合，从而造就的一个丰富整体吗？

要变得完美，就无法成为一个完整的人。这是很大的代价。

意识到自己不过是在复制一种其实并不被自己认可的价值观时，我问了自己一个问题：你敢不敢活出属于自己的样子？

这个问题犹如当头棒喝，如果立刻回答，我只能给出否定的答案。我不敢，因为还有很多被无意间盲目接受和执行的错误观点我没有察觉到。

但我愿意尝试，不在乎他人的眼光，遵从自己的内心。我更加期待某一天，我喜欢上自己的赘肉，就像喜欢我的手指、我的头发，喜欢我本身，喜欢我作为一个鲜活的、完整的、不断成长的、有益于他人的人，活在这个世界上。

三、时尚业背后：真正的代价是什么？

老实说，我们真的了解自己每天穿在身上的衣服吗？也许不。

买衣服的时候，我们可能根本不会去想这些衣服来自何处，经历了怎样的处理，又将在走出我们的衣橱之后去向何方？

不了解这些真的不怪我们，广告只会勾起我们的焦虑，让我们觉得没有某些衣服不行，自己要足够漂亮才能获得尊重、认可和爱。但当我们在购买之后感到后悔时，冷静想想这些问题是有好处的，了解衣服也可以帮助我们更多地了解自己，了解某些被掩盖的真相。

四、我们的衣柜发生了什么变化？

回过头去看曾经的衣柜，我们发现那个乱买的过程其实是不可避免的。我们需要那么一个过程去尝试，然后才能发现最适合自己、最讨自己欢心的东西到底是怎样的。由于人处在不断的变化中，这种喜好也会随之改变，每一次改变都需要尝试，每一次尝试都需要成本。但了解到外界与自己的更多真相之后，我们获得更多的反而不是束缚。

我的衣柜曾经是爆仓的，并且还会在床下用收纳箱存放衣服，甚至有一部分存在父母的衣柜里。但现在，大到冬季厚重的外套，小到运动内衣，不仅能够全部放进衣柜，还留下很多"留白的空间"。以前我不知道自己有多少衣服，现在却能大概在脑海里规划出衣柜里的布局，每个隔段里都放哪些衣服。换季用两个枕头大小的收纳筐就完成了——我只需要把两个筐的位置换一换就行。

罗布的衣柜更清爽，几个真空收纳袋、两个抽屉就装下了她所有的衣服，换季也只是换换收纳工具的内容物，原样放回去就行了。她常常会定期整理，因为东西少也花不了多长时间，帮她拍照片记录的时候，看到衣柜里井井有条，感觉呼吸都顺畅了。如果留心观察就会知道她的衣服并不多，但从不会看腻。现在她已经完全告别审美混乱的时期，穿搭常给人一种莫名舒服的感觉上。记得一个朋友说，夏天的燥热里看到罗布，会有一种奇妙的清凉感。

如今，衣柜清爽与否已经不是罗布和我最关心的指标。我们更在乎的是，这些衣服是不是自己最喜欢的？我愿不愿意为它多花一点心思去整理和保养？如果某天要跟它告别，我是否愿意花些时间和精力给它一个妥善的未来？

穿衣服似乎不仅是为了在外界与自己之间建立一个舒适安全的屏障——这的确也是穿衣的本质之一，还在于我能不能认真对待自己日常生活里的一件普通小事——爱自己，能不能借由它为我们赖以生存的地球做些什么——爱他人。

每年换季，我都会整理一遍衣橱，以前在这个步骤里，我会拿出一些衣服丢掉、或者送去回收，再添进去一些新买的，但这一两年我开始注意到自己不再丢衣服了，添进去的衣服也很少，但都会让第二年再拿出来穿的时候有穿新衣服的感觉。

我在买的时候更审慎了，会思考买回去要放在哪里、要怎么穿、要穿多久、评估它能穿多久，不能再穿之后要怎么处理。如果其中有一个环节我找不到满意的答案，我就要求自己找到答案之后再下手。

设置冷却期是一个好主意，很多衣服就是在经历冷却期之后没有走进我的衣橱，因为我发现自己并不是十分喜欢它们，一时冲动买回来很可能会被打入冷宫。

现有的衣服我会在穿着时比以前更小心，如果破了会考虑修补一下而不是直接丢掉。一些衣服开始替我记录人生，我穿着它们时留下的记忆，成为它们在衣橱里令我欣喜的原因之一。衣服变旧并不是件可怕的事情，没有得到珍视和妥善对待才真的遗憾。

审慎地买，以尊重自己习惯为前提的规划、收纳，全心全意地使用和喜爱，更理智负责地舍弃，使用衣橱已经成为一套理念和随之养成的习惯了。这是整理一点一点教会我们的生活智慧，甚至，我们都忘了自己曾经有过囤积的日子。那是一段怎样的日子啊？我们为什么会紧紧抓着一大堆东西不肯放手呢？如果我们早就知道放手会让我们收获这么多，也许会迫不及待地改变自己吧？

但当我们真的陷入囤积造成的困顿时，的确不是那么容易想通的。囤积可怕吗？某种程度上说，的确很可怕。它会让我们忽视自身，忽视身边的环境，甚至忽视自己的人生。但同时它也是一个契机，一个提醒，提醒我们内心真正在乎的东西，不会永远被杂乱的物品掩盖。

〜 书籍类 〜

张立宪在《关于阅读的真相，略囧》中说的一些话曾给我很大的启发，他说："从消费心理学来说，买书更大程度是为了满足我们的所有权迷恋症——这件东西是属于我的。""某一类书会成为某种身份的象征、某种品味的装饰，它反过来可以成为你用来证明自己身份和品味的成本最低的投资。阅读并不是我们的刚需，虚荣才是。"

书籍的整理步骤

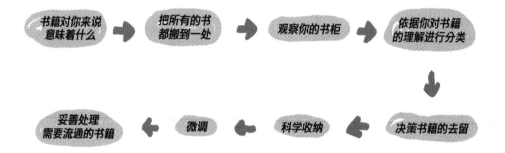

第一步，思考书籍对你来说意味着什么

在开始整理书籍前，首先我们需要正视自己对书籍的看法。书籍对你来说是"工具""知识"还是"纪念""虚荣"？不带任何评判地去看待你的想法，会发现阅读是一件蛮私密的事儿，完全可以自己说了算。如果把书看作"工具"，那就放在最好拿的地方随时取用；如果把书看作"知识""纪念"，认为丢掉了书相当于把学过的知识抛弃、把那份记忆删除，那就好好把你的"知识"和"纪念"收藏好；如果把书看作"虚荣"，也没什么不对，正大光明把它摆在最显眼的位置，让别人一打眼儿就能看到"你想让别人看到的"。"虚荣"是真实存在的需求，正视它、满足它、不被它控制即可，毕竟"一切抛开剂量谈毒性的行为都是耍流氓"，适度虚荣能够让我们更有自信。一味压抑人性，反弹起来则会失控。整理有时候也是在做顺应人性的事儿，"顺毛摸"那些负面的部分，反倒会成为你的助力。

在一次全屋搬家整理的过程中，整理到书籍部分时，需要重新规划新书架的布局。这位客户家里书非常多，其中大部分是某位大师的作品集，而且是成套且崭新的，后来了解到客户有经常开读书会的日常活动，大概明白了这些书的使命所在：①提供给读书会的小伙伴阅读；②给别人看、凸显读书会主题。在此基础上，我们就将这批书集中收纳在了三排书架最中间、最显眼的位置。客户在看到整理后的效果时表示，连他自己都没想到这些书还有这样的使命，感到很惊喜。

可以说，整理书籍在某种意义上是在梳理现有的知识储备和规划未来的知识框架。不管书籍对你来说意味着什么，你只需看清自己的需求，把它们放到应该在的那个位置，为你所用即可。

第二步：把你所有的书搬到一处

上门整理过程中遇到的书架，十个有八个除了是个放书的架子外，还是座小型"纪念馆"，书籍的前面堆满了各种公仔、旅行纪念品、艺术品和照片。所以，如果你也有这样的使用习惯，在搬书的过程中，就需要注意把书籍和非书籍类物品分开，并且时刻提醒自己，接下来的任务主要是整理书籍，要专注在书籍上。我们首先是为自己整理，因此别人的书、借的书需要挑出来，集中放置，先不去管它。

📷 在整理之前，把"小型纪念馆"拍下来，因为整完之后就不是现在的样子啦！

第三步：观察你的书柜

这个时候，你的书柜应该也空了。如果它不是空的，那么请清空它。

对书柜的层数、每层的高度和进深，有个清楚的了解——你可以用尺子量一下。在脑海中初步规划：哪类书籍放在哪里、不同尺寸的书要怎么摆放。这时可以初步将书籍的类别写在便签上，贴在相应的位置，以免做到后面收纳步骤的时候忘记原本的规划。

📷 将空空的书柜的正面拍下来。

第四步：依据你对书籍的理解进行分类

刚才说阅读是件蛮私密的事儿，分类当然可以"随心所欲"了。书背后的"上架建议"是出版方的理解，不是你的。比如，因为做职业整理师的关系会有大量跟整理有关的书籍，我会依据自己的需求把它们分为：衣橱整理、厨房整理、信息／时间整理、关系整理、亲子整理、收纳技术、精简极简、设计风水等。比如：《穿衣的基本》一书的上架建议是：时尚，《衣橱里的人文学》一书的上架建议则是社科，我的职业需求让它们变成了"衣橱整理类别"的知识。《阿德勒的心理学讲义》和《假性亲密关系》是心理学方面的书，但依据自己的需求，我会把它们放在"关系整理"的类别里。这就是依据自己的需求去做分类。

下面这个表展示的是我的分类方式，给大家做一个参考。

◎ 罗布的书籍分类参考

衣橱整理研究：《你就是你穿的衣服》、《穿衣的基本》、《衣橱里的人文学》……

厨房整理研究：《厨房就是家的味道》《家的模样》《厨房，治愈人生的避难所》……

亲子整理研究：《casa 妈咪幸福收纳》《母子齐动手，快乐玩收纳》《PET 父母效能训练》《亲子规划整理术》……

精简生活研究：《只过必要的生活》《疯狂的简洁》《我决定简单的生活》……

关系整理研究：《假性亲密关系》《被讨厌的勇气》《整理生活，从内心开始》《阿德勒心理学讲义》

如果你的书籍工具性比较强，也可以参考下面的分类。

工具类：字典、词典、菜谱等

专业类：与自己工作、学习相关的的书籍

兴趣类：与自己的兴趣爱好相关的书籍

快销类：当下流行的小说、励志读物等（参考机场书店促销台上"码堆儿"的读物）

收藏类：非常喜欢的作家、作品、有纪念意义的书

百慧的书籍分类
——给每个类别取好玩的名字

曾经喜欢过的地方

与俄罗斯文学大咖聊天

带我了解俄罗斯

等你来读我哦~

读小说真快乐~

对自己充满好奇

对世界充满好奇

确定好分类之后，把每个类别的名字写在便利贴上，贴在每类书籍的附近。这样可以大大节省你的精力，不需要看那堆书籍的名字然后再在脑子里转化它们的类型，只要看到分类的标签纸，辨识一下手头上这本书的类别，最后将它归类摆放即可。

◎ Tips

千万不要去翻书。这个环节千万不能翻书！你只需要看看书名，然后做分类即可。书一旦被翻开，你的整理时间可能立刻会被切换成"阅读时光"。

第五步：决策书籍的去留

经历过衣服类物品的"洗礼"之后，你这个时候的决策能力跟没做任何整理之前比起来会增强很多，速度也会快一些。

工具类书籍，比如词典，如果有几本词典，没有特别研究需求的话可以留下最新版本，并且放在最方便拿取的位置即可。其他词典，有纪念价值的可以放在收藏区（非黄金收纳区），自认为没有价值的就可以流通出去了。再比如一些专业性很强的书籍，随着技术的日益更新，这类书籍的内容迭代得也很快，留下功能、内容最全最新的即可。还有看过一遍对你来说并没有那么重要的快销书，如果你发现网络上有电子版本，也可以大胆流通出去，如需再读，上网（付费）下载即可得。

◎ Tips

依旧不要去翻书。要是真不知道这本书里写的什么，就先把它放到待处理的那类里，后面集中处理。

第六步：科学收纳

第三步你了解书架的结构，第四步确定书籍的类型，第五步确定每个类型书籍的数量，接下来就按照自己的需求把书放到相应的位置即可。

黄金收纳区：最近经常阅读的书和工具类书。按照类别集中收纳。这个区域的书籍必须"竖起来收纳"，因为使用频次高，方便拿取，不易复乱。

眼睛上方的非黄金收纳区：看过的、不常看的、需要"被别人看到"的书；收藏的、不介意被看到的书。这个区域收纳要点在"收"和"看"，能收就尽量收，拿取方便的需求可以往后靠。在空间允许的情况下，尽量全部竖起来收纳，如果空间小可以适当考虑横放，但要注意安全和视觉上的美观。

膝盖下方的非黄金收纳区：藏书，不大会再读的、需要收藏的书；不愿意借人的书。俗话说"书非借不能读"，借出去之后能还回来的几率比较小，介意书籍外借的朋友可以把喜欢的书放到非黄金收纳区，避免类似的尴尬局面。这个区域的收纳要点在"收"和"藏"。也是"能收尽量收"，收在这里的书的基本诉求是"能存在家里"就行，使用频率不高，所以做收纳的时候着重考虑单位空间内尽可能多收的方法（竖放、横放、横放＋竖放）。同样也要遵循同类书籍集中收纳的原则，方便日后查找。这个区域可以效仿图书馆——标记区域内收纳的书籍类别。物品不在一目了然的区域，给空间做标记，是个高效查找物品的好办法。

按照以上的原则去安放书籍，你将会获得一个一靠近就想阅读的空间。

整到这里，我们可以"开个小差"。还记得第一步分类出来的非书籍类物品吗？这些物品其实属于小物品的范畴，理论上应该留到后面再去集中整理。但亲历书籍整理之后，我们很难不去理会它们。原因有二：①严重影响书籍整理后的成就感。成就感在自我整理中的重要性前面提到过，说它是自我整理的内在驱动力也不为过。②真实的陈列需求。正视书架的实际使用需求，多数家庭的书架并不是"纯书架"，还承担着一部分陈列装饰品的责任。我们需要在这个环节用现有的装饰品在书架上占"坑"，把陈列区域确定下来。不用马上整理它们，仅仅做一个码放动作即可，等到后面整理到小物品类别时，你就会感谢现在的自己，为陈列需求"留白"。

所以在做书架区域整理的时候，装饰品的陈列，需求要被考虑进去。如果有个专门的区域来存放，又不影响书籍的收纳和陈列，会不会很难？其实非常简单，你只要做到"在书架上专门留出陈列区域"和"书前无物"即可。书籍在经历过筛选和重置之后，收在黄金收纳区的书籍数量是会减少的，所以我们可以将一些适合陈列的"格子"空出来，设置为陈列区。如果书架较宽，我们可以在适合陈列的那层收纳数量不多的那类书，用书立隔开，区分书籍收纳区和陈列区，只要做到书前无物即可。"书

前无物"，顾名思义就是书架上，竖着收纳的书籍前不
要摆放任何物品。只要做到这一点，即便不做大整理，
你的书架也会变清爽。

第七步：微调，使其美观方便

这一步依旧可以用"演"的方式去检验：坐在桌前学习，
是否可以伸手就能拿到那本常用的词典？站在书架前向后
退几步，以全景的视角去看书架整体的视觉效果，是否头
重脚轻？哪里别扭？是不是可以按照书籍的高矮来排序或
是按照书籍的颜色陈列？查找某类书籍是否便捷？书籍的
分类是否清晰明了？这一步只需考虑自己的感受即可，方
便吗？好看吗？多问几遍，然后再去动手调整。有些对视
觉要求高的人，在做这个步骤的时候，因为某个视觉上的
别扭而"大动干戈"，重新把某两个大书类调换位置，不

要害怕这种"大动干戈"，有时候细节上的调整可能是你整个整理过程中画龙点睛的一笔。虽然辛苦，但看到最终呈现的整理效果之后，你会觉得超值！

第八步：妥善处理需要流通的书籍

前面的步骤一再提醒大家不要翻开书，但这一步请务必将每一本要流通出去的书籍都仔细翻一遍。检查书页中是否夹有重要的物品。我曾经从书里翻出来：证书、证件、卡、票据、钱、支票、信件、写满字的便签纸条和非常古老的书签等。有些你可能找了"一辈子"的东西有可能在这里被找到。

还是那四种基本的流通方式：丢、送、捐、卖。

自认为没有任何价值的书（比如广告画册）可以选择丢。觉得某些书朋友可能有需求，可以把书籍拍照发到社交平台上，请朋友各取所需，付邮费送。一些还有价值的教材或者通识读物一类的书，可以上网找需要这类书的学校捐赠。一些休闲类读物可以选择拿去常去的咖啡馆捐掉（以对方愿意接受为前提）。现在也有很多收二手书的平台，但不同的平台侧重收书的类别也不同，我经常使用的平台有："多抓鱼"（比较挑剔）和"闲鱼"（不太挑剔）。

一个小故事：

大学毕业后，我有一个学英语的执念。当时工作的咖啡馆经常会有外国人光顾，我很希望自己不只是能说一些寒暄的口语，而是能用英语同客人们聊天。经过一番自我评估，我决定用赖世雄的那套《美语从头学》（一共十本书）来拯救我的"夹生"英语。

可能因为方法不对，学习的过程中困难重重、屡战屡败。那套书从摊在桌上每天翻，到收到书架上偶尔看，最后收到箱子里眼不见为净。反复几次之后，我开始重新审视《美语从头学》这套书对我来说意味着什么，为什么会学不下去，方法不对？内动力不足？我想学英语的初衷又是什么呢？深挖下去，我发现自己其实只是很喜欢"能够同外国人聊天"的那份虚荣，而并非"说一口流利的英语"本身。当看到并且承认这一点之后，我果断将那套书包好，写上书名并标记可取之后，放到垃圾桶附近。丢掉那套书，就像是为告别"学英语"的执念所举办的仪式，仪式结束，一身轻松！没过多久神奇的事情发生了，日常看的剧好像能听懂了、跟外国友人用夹生英语交流也毫无障碍，我们会想尽办法让对方明白，比划、查字典等各种方式，在交流的过程中也不再拘泥于语法和发音了。以前总担心自己用错说错而不去使用语言，现在放下顾虑之后反倒能够流畅沟通。我还发现如果你真心想要沟通，语言根本不是障碍。

最近，因想要学习更多关于整理的知识，又起了学英语的念头，但我不会后悔丢了那套书，反倒会感谢它教会我如何跳出自我限制。再次学英语，心里的障碍可能还没有完全清除，但我知道如何去面对它们，也更清楚自己想要的结果是什么了。

~
文
件
类
~

一般的家居文件有：证件类、资产类、合同类、医疗类、票据类、生活卡、说明书、广告通知单、资料等。

每个人的人生阶段不同，所拥有的文件类物品种类也不一样，比如大多数刚毕业的小伙伴可能没有资产类的文件、租房族可能会没有生活卡（电卡、煤气卡等）类的文件。文件类物品的整理比衣服类和书籍类的整理轻松一些，文件类的物品与情感的连接比较少，所以分类和决策做起来会轻松很多。按照给大家推介的步骤做即可。把它放在中间的位置，也是在疲劳的衣物整理之后，使我们有一个"喘口气儿"的机会。

文件类物品整理步骤

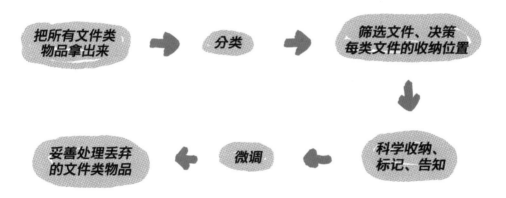

第一步：把所有文件类的物品拿出来

把所有纸质文件、卡证类的物品都拿出来放在一起。这类物品有个特点就是"感觉都是重要的""以后能用得上"，比如一些产品宣传单和机构发放的通知单。所以文件类的

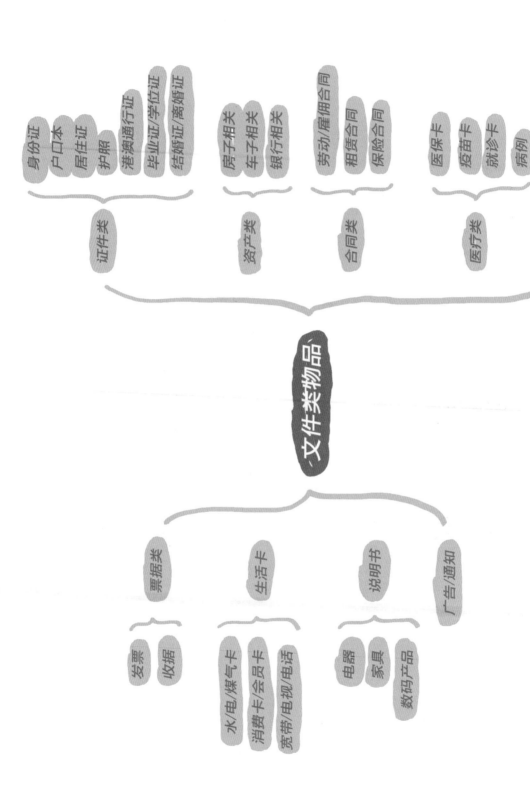

物品分布的位置比较广，它们不仅会被你收在文件袋、档案夹里，还有可能会在玄关、茶几、书柜、床头柜等地方。所以我们需要像"扫雷"一样把空间里的所有纸片和卡证集中到一处。同时也要把文件袋、档案柜里的文件也都拿出来，重新整理。

第二步：分类

按照功能我们可以把所有的文件按照这张脑图来做分类。

第三步：筛选文件，决策每类文件的收纳位置

像广告通知、资料、票据这类文件，属于时效性文件。如果已经过期，确认无误之后就可以处理掉。要是还不放心，可以拍照留存电子档，在电脑里设立一个文件夹来专门存放。说明书也需要好好筛选一下，我在为客户整理这类物品的过程中，经常会发生电器或者家具都已经不在，而说明书还留着的现象。这类物品可能整理到最后，数量会归零，但还是必须给它们一个专门的收纳工具，可以是文件柜、文件盒、或是夹子，因为这类时效性的文件每天都会有，集中在一起，定期处理，不心烦也好控制。

身份证明类、资产类、合同类的文件，属于必须妥善保管的文件。虽然使用频次不高，但到用时需要快速准确地找到它们。这类物品可以集中收纳，买一个可以装得下他们的收纳袋或文件盒去装、集中放在一个带锁的抽屉或者柜子里,或收纳到小型保险箱中。这些物品的收纳就很个人了，

因为经常出差的关系，我一般喜欢把身份证随身带着。每个人对于"安全"的定义不一样，像我爸会认为衣柜最安全，每次要用户口本的时候，他都会去衣柜找。其实放在哪儿都行，只要你能找到，并且确定它们是安全的即可。

医疗类、生活卡类的文件物品，属于重要又比较常用的文件。可以集中跟书籍类的物品放在一起，因为都是纸质的。或者依据功能、动线就近收纳，比如医疗类的病例、诊疗卡可以跟药物放在一起，看病拿药回来之后一起收纳，动线上也合理。水电煤气卡、会员卡、消费卡则可以在玄关处专门开辟一个空间来收纳，这些卡都是出门要用到的，出门的时候顺手一带，回家的时候顺手就归位了。

当然，收纳是一件非常个性化的事，唯一的重点就是如何顾及自己的习惯和感受，最适合自己的收纳方式是在尝试

的过程中发现的，这个过程需要我们有一些耐心，只要找对重点，每个人都能找到属于自己的收纳方式。

◎ Tips

这个时候可以顺便检查一下身份证、护照、港澳通行证、驾照等具有时效性的重要证件的有效期限，并在手机日历上做好标记，以防止出现马上要用它们时却发现过期的尴尬局面。

第四步：科学收纳、标记、告知

根据自己的实际情况将文件分类，再基于习惯确定好固定的收纳位置之后，我们可以开始挑选收纳工具了。经常会遇到学员或者客户将重要的文件放在纸质的快递大信封内，或者二手大牛皮纸袋内。建议大家不要在这方面节省，为什么呢？第一，这些二手的袋子很常见，如果不知道里面装了什么，很容易拿混。第二，二手信封上的信息对于去寻找证件的人来说是"噪音"，不利于高效找到你想要的东西。所以，建议大家去购入专门的文件类收纳工具，可在文具类的商品中搜索。购入前需注意每类文件的特点、大小。比如收纳纸质类大文件，就用文件夹、文件袋、文件框。卡类、硬壳证件就用卡包或者风琴文件包这种保证不会掉出来的收纳工具。总之，找到适合物品的，自己用着顺手的即可。

给每个类别的收纳做好标记，刚刚建立的收纳系统需要用文字标记来提醒自己，并且加固这个"系统"。不仅自己要知道也需要告诉家人，或者与你同住的、让你信任的人。万一有紧急情况发生，代你去找证件的人也能迅速无误地将这件事完成。

第五步：妥善处理丢弃的文件类物品

不太重要的文件，去掉个人信息之后就可以丢掉了，也可撕碎、粉碎机粉碎之后分批次丢弃。比较重要的，比如合同、票据类的则需要一再确认，不需要了再做处理。证件类，需要看情况处理，比如护照，就不能一丢了之，换新护照或者申请某些国家签证的时候就需要用到旧护照。其他类证件在做处理的时候最好查清楚后再行动。

〜小物品〜

说到小物品，别看它"小"，实际上是个大品类。这类物品的特点是：细分种类多、分类级别多、每个小类物品数量也多、物品细小、形态还多种多样。这类物品都包含哪些呢？护肤品、化妆品、药品、数码产品、文具、兴趣爱好类物品、生活工具、生活用品、厨房用品、食品等，简言之，除了衣服、书籍、文件、纪念品以外的，都算小物品类。哦，对了！别忘了整理书架时拿出来的一部分装饰品，这个时候也可以开始整理了！经过衣服类、书籍类、文件类的整理练习，我们的决策和分类的基本功是否扎实，会体现在小物品的整理中。

小物品的整理流程基本不变：把属于某小类的物品全部（从家里的犄角旮旯里）拿出来——再进行下级分类——每个类别依次进行决策（断舍离）——依据"怎么懒怎么来"的原则进行收纳——及时处理需要流通出去的物品。

小物品步骤和原则

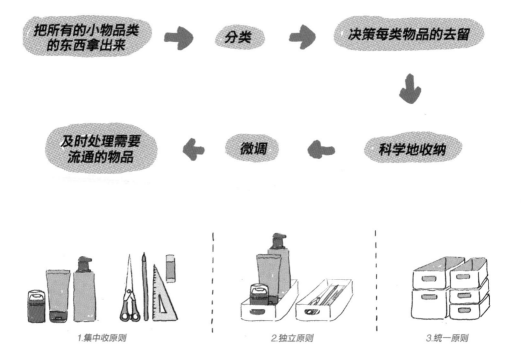

1.集中收原则   2.独立原则   3.统一原则

如果想要长期维持整理成果，需要遵循以下三个原则：

1. 集中原则。同类别的物品需要集中收纳，比如文具、工具、护肤品等功能性很强的物品。同时最好固定一个位置集中收纳，要用的时候知道去哪里找，用完了也懂得要放回哪里去。如果收纳地点"狡兔三窟"，连自己都会很困扰，惰性上来的时候就会随便放，打乱原本设置好的收纳系统。如果只固定一个位置，即便当下不想放回去，等到想要收拾的时候，也立刻就能归位，不用去想太多。

2. 独立原则。每个类别的物品，最好"独享"一个收纳空间。比如，这个柜子只放药品，别的东西不能往里收。如果一个大类别下要细分很多小类别，就需要给每个小类别创造独立的收纳空间，这样做既能防止复乱，又能提高找东西的效率。比如一个专门放文具的抽屉，我们继续划分出"下级部门"：水笔、原子笔部门，记号笔、彩笔部门，胶带、胶水部门，剪刀、刀子部门等，每个部门都配一个框子，或者直接在抽屉中使用分隔板，将每个最基础的部门分隔开来。这样找东西的时候十分方便，该补充什么东西也一目了然。

3. 统一原则。小物品的特点是：多、杂、形状大小各异，如果我们的收纳工具也跟着凑热闹的话，找东西的时候，眼睛都不知道该往哪儿看。所以建议尽量购买颜色统一、形状统一、材质统一、没有花哨图案的收纳工具。我认为一个好用的收纳工具的基本素养是：没有存在感。在使用的时候可以盛装物品、分隔类别；寻找物品的时候只呈现收纳工具中的内容物，自己一点都不抢眼。这么懂事，才是好用的收纳工具嘛！

～
厨
房
物
品
～

接下来详细讲讲让大家都很头痛的一个小物品类别——厨房物品的整理。

厨房整理步骤

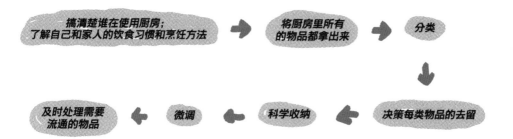

第一步：搞清楚谁在使用厨房，了解自己和家人的饮食习惯和烹饪方法

厨房是自己在用还是别人在用？如果你日常生活中几乎不用厨房，那就暂时不要动这类物品，除非经常使用厨房的人邀请你来整理。厨房是一个公共空间，里面藏着很多的"人际关系"，如果你不是独居，其实厨房整理不能算在自我整理中。所以，在做整理之前，你需要考虑一下，整理整齐重要，还是与他人的关系更重要。个人建议：不要用自己的"整理瘾"或"看不顺眼""不舒服"去影响与家人的关系。这个时候也是修炼自我整理第三阶段（魔爪阶段）的好时机。

如果你可以整理，那该怎么做准备呢？

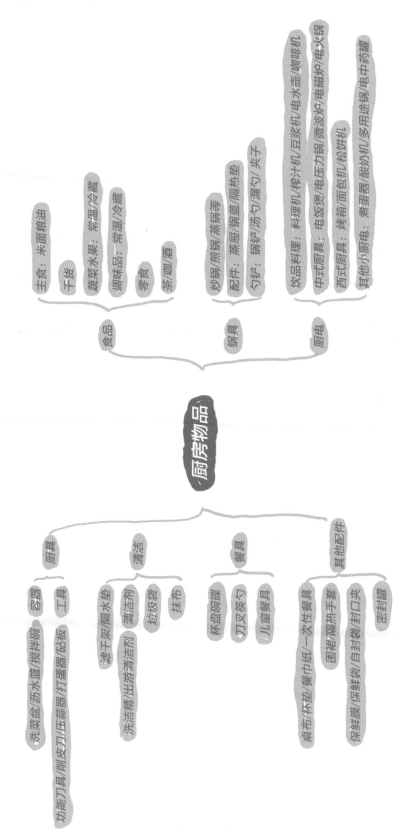

厨房物品

食品
- 主食：米面粮油
- 干货
- 蔬菜水果：常温/冷藏
- 调味品：常温/冷藏
- 零食
- 茶/咖/酒

锅具
- 炒锅/煎锅/蒸锅等
- 配件：蒸屉/锅盖/隔热垫
- 勺铲：锅铲/汤勺/漏勺/夹子

厨电
- 饮品料理：料理机/榨汁机/豆浆机/电水壶/咖啡机
- 中式厨具：电饭煲/电压力锅/微波炉/电磁炉/电火锅
- 西式厨具：烤箱/面包机/松饼机
- 其他小厨电：煮蛋器/酸奶机/多用途锅/电中药罐

厨具
- 容器
  - 洗菜盆/沥水篮/搅拌碗
- 工具
  - 功能刀具/削皮刀/压蒜器/打蛋器/砧板

清洁
- 滤干架/隔水垫
- 清洁剂
  - 洗洁精/出游清洁剂
- 垃圾袋
- 抹布

餐具
- 杯品碗碟碟
- 刀叉筷勺
- 儿童餐具

其他配件
- 桌布/杯垫/餐巾纸/一次性餐具
- 围裙/隔热手套
- 保鲜膜/保鲜袋/自封袋/封口夹
- 密封罐

我们需要详细地了解家人的饮食习惯，"掌勺人"擅长的烹饪方法，喜欢使用的工具和使用它们的方式。知道这些之后，就可以很好地框定厨房里应该有的物品和常用食物、工具的收纳位置。接下来的"断舍离"也会以调查结果为依据进行。

第二步：将厨房里所有的物品都拿出来

提前把餐桌清空，地板弄干净或铺上垫子。将厨房橱柜中所有的物品都拿出来。有些物品的表面可能比较油腻，可以准备些一次性的厨房湿巾或者一次性的抹布，随手做一下基础清洁。一定要注意不要把时间耗费在打扫上。如果有搭档一起整理，就提前做好分工，一个人专门往外拿东西，一个人专门负责清洁，毕竟，橱柜和桌面清空的状态不是经常出现的。如果只是自己整理的话，这部分的清洁工作需要注意时间和工作量。

第三步：分类

厨房之所以要放到后面来整理是因为在这个单品区域内，物品的种类十分庞杂。不仅分类多，而且每个类别的数量也很可观。下图可以给大家分类做个参考。

第四步：决策每类物品的去留

厨房里有保质期的物品都比较好判断，过期的食品、调味品可以果断考虑舍弃。不过长期受"谁知盘中餐，粒粒皆辛苦"教育长大的我们，把食物丢掉心里肯定不舒服。我们可以回想一下，自己是如何劝说爸妈把过期食物丢掉的？

"吃坏肚子，医药费都不止这些钱！"

"没有了，再买新的就是了呀！"

"是自己的身体重要，还是这些过期的食物重要？！"

"怎么样，现在舒坦些了吧？"

需要注意的是：有些食物或者调味品虽然在保质期或最佳赏味期内，但没有按照说明书要求的方式保存，导致无法确定具体的保质期，这类情况需要自己检查食物的状态再做决策。

当然，厨房里也会经常出现很多"三无产品"，比如妈妈或婆婆从老家带回来的××油、××腌菜、××自酿酒等，无论家庭状况如何，每次为客户整理厨房的时候都会有类似的物品出现，这个时候需要询问把这类物品带回家的人，同时做好标记，标上品名和拿回来的日期，最好依据经验再估个到期日写在上面。

厨房电器和锅具的判断就需要参考调查结果了，豆浆机、面包机、榨汁机这类日常难打理的小厨电一般闲置率比较高。如果有超过一年没有使用过，就可以考虑流通出去了。不想流通也要把这类不常用的物品放到"非黄金收纳区"，厨房的非黄金收纳区是：吊柜最上层、落地橱柜的角落。空间拿取的难易程度同物品的使用频率相匹配，即越不常用的物品就放到越不方便拿的位置。这种方式尤其适用"必须留着不常用的物品，且空间不够用"的情况，把常用的空间预留出来，让我们在面对烹饪"大场面"的时候，无论在空间上还是精力上都有更多的余裕。

记得有位客户在宝宝刚出生的那段时间，家里常备三套炒菜和洗菜的工具：公公一套、妈妈一套、自己一套。这些重复的物品，我建议她不妨都留着，并按照使用者来分类收纳。妈妈来的时候把另外两套收起来，放在非黄金收纳区，公公来的时候也如法炮制，既解决了黄金收纳空间不足的情况，又解决了关系的问题。所以，因地制宜的"聪明收纳"其实还有缓和家庭关系，直接浇灭问题的小火苗的大作用。

"断舍离"的过程中，还需要关照使用者的烹饪方法。如果掌勺的人常用炒锅，蒸锅几乎不使用，那家里"蒸"这方面的厨具，留一套功能最全、最好用的，其他舍掉。移走多余的厨具，会让人立刻觉得厨房的收纳空间"变"大了。

第五步：科学收纳

在做收纳之前，我想请大家先停下来"演一演"做菜的过程。我们用一道最简单的菜来"演"，如果要做一盘西红柿炒鸡蛋，你会在厨房里怎么走动呢？去冰箱拿鸡蛋和西红柿——在水池处把西红柿洗干净——把砧板和刀拿出来切西红柿——拿碗和筷子将鸡蛋打散——取锅倒油烹炒——出锅端盘。我们每做一个动作、每走一步都在生成动线，即我们的活动轨迹。我们在厨房里的动线越短效率就越高，同时也说明这样的收纳系统设计越适合"懒人"。所以想要科学做收纳，就需要自己去看看这条动线有没有哪部分太长了可以缩短的。怎么缩短呢？所有常用的东西做到就近收纳即可。就近收纳在这里的运用是：你在某个场景里工作，那么工作要用到的所有东西就在你手边，一个动作就可以拿到。比如，烹饪区域我们要用到：调味料、锅铲、漏勺、锅盖等物品，炒菜的时候一伸手就能拿到想要的物品，脚不需要挪动就可以完成烹饪的所有动作，这样的收纳就比较科学。

在结合使用习惯的基础上，可以考虑把常用的物品，如日常使用的杯盘碗碟、筷刀叉勺、调味料、每天都会吃的麦片、挂面等，放在黄金收纳区；把不常使用的食物、工具、小厨电，如调味品库存、米面粮油库存、烘焙工具、面包机、烤箱等，放到非黄金收纳区。依据使用频率在这两个区域内再做排序，常用的放在好拿的位置，几乎不用但又不能扔的放在平时很少动的地方，这样可以活用每一寸空间。

第六步：微调

恭喜你，把厨房所有的物品都科学地"塞"回去了！如果你是自己使用这个厨房，这个时候可以把所有的柜门打开，站在厨房中央，边看脑子里边"演"，仔细检查是否还有不顺手不合理的部分。如果有可以立刻解决的就马上动手去调整，如果有不能马上解决的，比如需要购买厨房收纳用品等，这类情况的可以先记下来、去量下尺寸，趁热打

铁尽快将所需物品购买回来。

如果你是协助"掌勺人"完成了整理，那么需要请"掌勺人"一起来做上面提到的步骤，唯一不同的是一切调整以对方的需求为准。这个时候谨记：关系比整理更重要。

第七步：及时处理需要流通出去的物品

厨房类需要流通的物品一般是体积比较大、相对来说比较"脏"、让人有心理压力（对食物的愧疚）的物品，所以建议厨房整理结束后，立刻把这类物品拿到楼下做垃圾分类。需要二手处理的物品擦干净包好，也集中到一处，最好离厨房远一些，阳台通常是个不错的选择。如果挂在社交平台或者二手平台超过一个月无人问津，就可以舍弃掉了。注意不要让闲置物品占用太多时间和精力。放在门口，楼道打扫卫生的阿姨会取走，这招我屡试不爽。

◎ 百慧说

吃的智慧：吃什么能够改变厨房的样子？

吃是生活中最必要的事情之一，但我们未必了解自己的饮食结构。想要了解它其实并不难，有两种方法：

1. 找一个笔记本，记录自己一个月里的每一餐都吃了什么。
2. 整理一下自己的厨房。

如果你跟家人同住，整理厨房还能让你看出家人的饮食习惯——基本上你们会是一样的。不仅如此，更直观的结果是，你会发现自己的饮食系统里某些东西总是被排除在外，表现之一就是那些被剩到过期的食材。几乎每一家的厨房里都有过期的干货和调料，冰在冰箱里早已被遗忘的食材，藏在深处的剩饭，打开没喝完就过期了的牛奶，囤的一袋袋面粉、一桶桶食用油，不一而足。

这些都是我们饮食行为的痕迹，也反映了我们平时最常吃什么，最不常吃什么；喜欢吃什么，不喜欢吃什么。这也相应地影响我们对厨具的使用方式，在我开始观察和回顾自己的饮食习惯时发现，当我常吃煎的东西，平底锅会用得比较多；常吃煮和蒸的食物，蒸锅、砂锅等用得比较多；常吃甜点，烤箱就用得比较多。相应的配套工具也会一一储备。

然而厨房不仅反映我们曾经生活的痕迹、当下生活的状态，更反映了我们对未来的隐秘期望：为减肥餐储备的杂粮，为煮各种健康饮品买的养生壶，为几个人的聚会而准备的火锅，露天烧烤的炉具等。

同时，我们也能看到很多事与愿违：总觉得哪天能用上的一次性筷子和打包盒一直没用上；露天烧烤聚会一年也办不了一次；储备做垃圾袋的塑料袋好像永远不够用，却永远也用不完；杂粮不好吃，身材还是那样。

而最终使厨房变得拥挤、混乱的正是这些事与愿违，厨房的杂乱源于我们的期待与我们的实际生活之间脱钩了——

我们不了解自己身体的真实需求，也不了解内心的真实需求。我们只看到了生活的表象——混乱、各种各样没有实现的愿望，没有看到那背后有一个被繁杂掩盖的、疲劳的、真实的自己。

这让我们沮丧，但它也代表如果我们要改变，厨房呈现的这些问题能够给我们指明方向。

整理厨房，能够帮我们找出自己对吃的真实需求与感受，以及让我们回到自身，观察自己对吃的需求，观察家人对吃的需求，也观察自己和家人的饮食习惯。当我们把注意力放在这上面时，无论是身体还是厨房，都会给予我们良好的反馈。

就像丢弃不再需要的厨具、过期的食材一样，我们也可以丢弃不再适合自己的期待：我是真的想要一个好身材，还是希望自己身体健康，积极快乐？回归自身，这些问题都不难回答。

我曾经在一个月里通过饮食减掉10斤，并且一直没有反弹。然而，这个曾经我认为根本不可能的事情不过是我追求自身健康的一个副产品。

2019年5月，结束完一次厨房整理，我从家中的冰箱里看到了自己的饮食状况：

1. 新鲜蔬菜水果种类少、数量少。

2. 大量精致加工过的食品、剩下的外卖、高热量的甜点。

3. 很多杂粮的库存。

4. 肉少得可怜。

我意识到自己的饮食习惯很不健康：蔬菜吃得不多，肉也吃得不够，还经常吃精致加工的高热量食品，吃很多甜食。

在这之前一段时间里，我察觉到自己体力变差，甚至没法满足日常生活需要。干一点活就感觉好累，书读着读着就睡过去了，常常没精神，肠胃也不太好，心情总是莫名低落。我尝试吃中药、运动、好好休息，但精力不足的状况并没有改善，直到整理冰箱时，我第一次清晰地看到自己的饮食结构，才想到也许是因为平时不好好吃饭导致身体出现了各种各样的问题。

在了解健康饮食结构的过程中我发现，保持足够的精力，维持情绪稳定，需要饮食均衡。

多吃杂粮，补充蛋白质，吃少量的优质脂肪，多喝水，多吃新鲜蔬菜水果，少吃零食、甜点、外卖。其实很简单，但我一直认为做这些事情会让我痛苦。

了解现实的关键不是逼迫自己用艰难的方式去改变，整理从来不鼓励我们勉强自己，因为我们之所以了解自己，就是为了找到最适合自己的方式，去实现理想的生活。因此，改变的方式不能太费力，接纳自己的能力，尊重自己的需求，才会带来好的改变。

所以在开始，我给自己设置了一个低门槛的原则：绝不吃不爱吃的东西，绝不用让自己觉得困难的烹饪方式。比如我觉得炒菜麻烦，我就吃沙拉，蔬菜吃起来不好吃，就吃我喜欢的水果。当我把 10 克橄榄油倒进锅里的时候，心里很怀疑它能不能煎蛋，但事实证明如果用不粘锅，这个量完全可以。

我就这样坚持了一星期，发现并不痛苦，身体有它自己的选择，我们只需要顺着走就好。我每天换着花样给自己弄吃的，因为本来就比较懒，所以也不会过度加工，最多炒炒菜，煮煮粥。就这样我连炸鸡和甜点都戒了（天知道我原来多么迷信它们治疗坏心情的功效啊）并不是强迫自己不要吃，当你在脑海里将不健康的食物与令自己难受的感觉——比如肥胖造成的疾病、不良饮食引起的肠胃问题、身体各种因为吃得不好而上火的痛苦，联系在一起，并形成条件反射，自然就不馋了。

而且我还发现，当你开始对自己认真，无论是多么小的一件事，都会慢慢变得有趣味。本来我是一个嫌做饭麻烦的人，可一个礼拜每顿饭都认真准备之后，我开始享受做饭这个过程了。买菜也变得有意思，我会想尽办法把盘子里的食物拼凑得五颜六色，所以每种蔬果不需要很多，买的时候就不会大手大脚。摆盘渐渐从"有那种必要吗"变成"摆好看点，吃着也开心"，喜欢食物在锅里咕嘟咕嘟的样子，也喜欢切菜时不同食材的不同质感。我意外地发现自己好像对生活有了更多的热情。

随着新鲜蔬菜水果、优质蛋白、杂粮谷物、简单加工变成我饮食的全部，我感觉自己的精神渐渐充足起来，看书的时候不再犯困，因为蛋白质摄入量是足够的，注意力可以一次集中90分钟左右；糖和油的摄入减少，皮肤也好了很多。

身体状态和心理状态发生变化之后，我发现厨房和冰箱也产生了一些变化。

冰箱里不再有剩的外卖，以及带着大包装盒占地方的甜点，代之以 1 ~ 2 天分量的蔬菜水果。因为离家不远的地方有好几家超市，楼下就有每天进货的蔬果店，买这些东西很方便，不用囤。

杂粮的储备逐渐在消耗，我已经很久没有蒸一整锅白米饭，每次都是几种米搭配煮，有时做煎饼，也用几种杂粮面混合。我的经验是：玉米面最香，跟面粉混合加一个鸡蛋和成面糊，用不粘锅不放油煎，早餐吃三个一上午都很饱。

早饭有时会用吐司、火腿、奶酪和蔬菜烤成披萨的样子，所以一直闲置的烤箱也用了起来。

最后我发现，生活幸福与否跟身材好不好的关系真的不是很大，当我把注意力放在吃上的时候，我会更关注我吃得开不开心、健不健康、感觉好不好，而不是用外部的标准来衡量我吃什么可以让自己看起来更受欢迎。因为吃这件事直接作用于身体，当我的身体状况足够好的时候，内心也有足够的能量来判断市面上流行的价值取向是否符合我内心的需求，仅仅通过吃东西，我们也可以了解自己、守护自己，并为自己负责。

～ 纪念品 ～

纪念品是指可以承载回忆、具有纪念意义的物品。这类物品与我们的情感关系密切，而且特别私密，做职业整理师近四年，我还几乎没有专门集中整理过客户的纪念品。这类物品并不是我们说的各国特色冰箱贴那类"旅行纪念品"，而是在你人生某个阶段留下来具有纪念意义的任何物品，比如一本书、一个写满字的日记本、一个小徽章、一张证书、一块奖牌甚至是一件制服或者一条丝巾，只要这个物件对你来说是可以证明自己生命中的某一段经历留下了特别的痕迹，令你不舍和珍惜，就算是自我整理中的纪念品。如果你看过电影《天使爱美丽》，一定记得爱美丽在卫生间墙里发现的那只小铁皮盒吧？那个铁皮盒里的小玩意儿就是标准的纪念品，它们记录了一个小男孩的童年回忆，并被他珍藏了起来。

我们在整理前四类物品的过程中，会遇到很多"纪念品"没有找到合适的地方安置的情况，这个环节就可以来整理它们了。

整理这类物品之前，一定要确保整理的时候不被任何人打扰。整理纪念品其实是一次非常好的与自己敞开心扉真诚对话的机会，就像是自己在给自己做心理咨询，也可以说是在进行一场自我疗愈，因此，时间和空间上的安全，可以有效地帮助你在与自己坦诚对话时不被打扰。

所以，整理纪念品跟整理其他物品不同，我们可以先营造一个"咨询室"的环境，在一个舒服且不会被叨扰的空间里开始，打开音响放些舒缓的音乐，准备一些让人愉快的柑橘类精油香氛，也许还需要一杯温水和一包纸巾——毕竟回首一些往事的时候难免会伤感落泪。

所有辅助条件准备就绪，我们就可以把纪念品类的物品全部拿出来了。此时无需分类，可以一件一件地拿在手里正视它们，并作取舍。这个时候我们得允许自己睹物思人、睹物思情，同时还要关注自己的情绪，看看它们是正向还是负向的。如果是正向的，建议留下该物品；如果是负向的，需要再仔细感受下悲伤或者愤怒情绪"冰山"下面的部分是什么。好好与自己对话，不要着急处理产生负面情绪的物品，但是可以单独放置它们，等到自己想清楚了再做决定也不晚。

记得有一次跟客户一起整理卧室。在整理到抽屉时，翻出一张男生的一寸照片，当时我明显感觉到客户顿住了。于是小心地问，"这是谁？"她小声回答，"前男友。"我没有说话，安静地在旁边等她。她沉默地看着照片，过了一会儿如释重负般放大了音量说，"都分手三年啦，该再见了！"便把照片撕碎扔进了垃圾袋，那一瞬间我也感觉到了她的轻松。

有的纪念品有使用价值，可以陈列观赏；有的很私密，需要妥善收纳起来。我们可以把能够陈列的摆到你喜欢的位置，每天看到它们都会能量满满。需要收起来的纪念品，可以一股脑儿地放到一个箱子里。如果纪念品较多，也可以根据自己的情况进行分类，但一般不需要分得太细。

我很喜欢在难得独处的时候，把那些留存着我美好回忆的纪念品拿出来一件件地看，它们向我讲述着曾经发生在我身上的快乐的故事，提醒我困难都是暂时的，快乐永远不会缺席。

第三章

原来这些都是整理！

01

总忍不住买买买真的是你的错吗?

消费这件事看起来简单,实际上有太多想当然的东西藏在每一个消费行为的背后,也许是我们的动机,也许是我们的习惯,也许是我们的一种思维方式,也许,是我们生活中最真实的样子。

随着生活逐渐步入消费的狂欢,买卖似乎成了最主要的内容,当我们无法直面内心的空虚感时,最简单的事情就是拿出手机刷刷"淘宝",没人愿意找个地方跟自己面对面死磕,不停地回答诸如"我是谁,从哪儿来,到哪儿去"这个千古谜题。

了解消费就是了解自己，但在开始认真研究这件事之前，这简直是无稽之谈。

工业革命使得生产力得到极大的提升，随之而来的工业化生产让物资前所未有地丰富起来。工艺变得普及，使许多过去只有贵族才能享受的东西在民间流传开来。

东西多了，价格便宜了，消费的门槛也就降低了，普通人的欲望也开始丰富起来。买得起贵族用的东西，使坚固的阶级壁垒随之崩塌了。消费者越多，生产也越发热火朝天，人们在毫无意识的情况下渐渐迎来一个消费过度的时代。

消费即平权，听起来很高大上，也足以成为我们管不住自己的钱包和双手的顶好理由。但这的确只是个美好的误解。有一种说法是，时尚产生于最初普通人对贵族喜好的追求。郑也夫在《后物欲时代的来临》中提出，能够成为时尚的东西需要具备两个特点：

1. 买得到（没有被贵族 / 上层阶级垄断）。
2. 又有点难得（稀缺 / 贵）。

随着消费内容、形式被极大地丰富，消费者数量越来越多，消费在被文化塑造的同时，也塑造着文化。处在消费链条一端的商人，开始在其中扮演重要的角色。销售方式的不断迭代，使得在内容上消费逐渐反哺生产，商人由消极满足需求转变为积极创造需求。

广告通过制造焦虑和欲望催促我们购买，让我们觉得没有某件东西就不会幸福，让我们产生此前没有的欲望；许多营销方式是在对人心理的深入研究中产生的，它们利用人的思维模式、生存本能等不易察觉的心理，更稳准狠地挑逗我们的欲望，让我们乖乖付账。

在另一个方面，消费具有表现性，人们通过消费来证明身份、地位，或文化、品味，在消费社会中，消费不单单是满足需要的行为，更是回答"我是谁"的重要方式。

一些占有更多社会资源的人用炫耀性消费来表现自己，挥霍无度的背后是对资源的大肆掠夺。

个人主义的初衷是在不妨碍他人的同时满足自己，但随着消费盛行，个人主义逐渐演变为享乐主义，享乐主义又催生购物癖。前者对资源消耗巨大，后者同时侵蚀着个人与社会群体的心理健康。极端的个人主义形成一种公共冷漠，人情的淡化助长了恋物情结，情感关系单位缩小至亲密关系，给商人进行情感营销提供了更多机会。

我们的购买能力一方面受到基本生存需求的抑制，另一方面又受到收入水平的鼓励。我总是在工作顺利，跟朋友家人的关系和睦融洽的时候，发现自己对买东西的兴趣急剧下降，不那么需要物质来温暖自己的内心了。而当我情绪低落的时候，路过家居用品店就变得有些危险，我会拐进去买一罐香薰蜡烛，尽管家里存货还没用完，但我知道自己多半会走进去买下来。

一些卖场早就洞悉了这一真相，会用悲伤的音乐充斥整个空间，就是为了让消费者产生悲伤的情绪，好多买些东西。

然而消费一定能够让我们觉得幸福吗？

一项研究显示：美国人的平均收入自 1950 年以来翻了一番，而同期抑郁症的发病率提高了 10 倍。[1]

---

① （《参考消息》2004-03-12）

在 1958~1986 年间，日本人均收入增加了 5 倍以上。而根据日本的调查反映的结果来看，这段时间人们的平均满意度基本上没有任何改变。

更多的调查也显示，幸福与收入之间有一个临界点，在此之前，收入增加有助于幸福提升，之后则不明显，这个临界点就是温饱线。

解决了温饱的我们，更多地开始追求归属感、自尊、爱等方面的需要，而决定我们是否幸福的，也恰恰是这些需要是否得到满足。用消费证明身份同样源于我们希望被人尊重的心理，这种认同心理通过个人价值体系的不断打磨和确立，作用于消费行为，将我们推入购物大潮。

我们对财富的认知是否过于片面？也许是的。

站在整个人生的维度上看，除了钱，情感、健康、能力、时间都是我们的财富。粗看上去，这其中似乎只有时间像金钱一样越用越少，但产生的效能高于金钱。

我们都知道利用好时间会获得能力和人际交往的情感互动，前者让我们拥有更多的物质资源和精神力量，后者让我们感受幸福，赞美生命。

如果把钱像时间一样来用，生活会如何呢？

美国学者伊丽莎白·邓恩和迈克尔·诺顿在研究了金钱与人的幸福感的关系后得出结论：拥有更多钱的确无法让人更幸福，但在你所拥有的金钱数量不变的前提下，不同的选择会带来不同程度的幸福感。

也就说，花钱买幸福这事的关键在于：你如何看待金钱，以及怎么花。

综合大量调查研究结果，邓恩和诺顿给出了以下五点建议：

1. 花钱买体验

研究表明，人们通常很快适应得到手的事物，并随着时间推移，逐渐厌倦。

就好比我阶段性的对新杯子的渴求：我并不是不爱已经拥有的杯子，只是觉得有点腻了，想找点新鲜感觉。怎么样，听起来是不是挺耳熟？

对新鲜刺激的追求可以说是人的一种本性，物质的刺激总是很快就消退了，但体验不会。体验更能够让我们感受到与其他人的联系；美好的回忆能够增加活力、缓解压力，并赋予我们一种内在价值。大部分体验的效能与物质比较都是指数级别的差异，有些人甚至因为一些体验而改变了自己的人生。

那么，我们怎么知道哪种体验最适合自己呢？往下看。

2. 把花钱当成一种享受

邓恩在书中指出，很多人都经历对不好的事情从不习惯到习惯的过程，但是没有意识到，一些好的体验也会慢慢变成习惯。这些体验不仅仅是身体上的感受，有时可能是良好的沟通、对爱的表达、对陌生人的善意，或者照顾好自己情绪的一次"任性"。

有一阵子我在紧凑的工作和家务中感到疲惫不堪，于是抽空去了一家很久没去的咖啡馆。老板娘做的提拉米苏可谓一绝，虽然把工作带在身边，当下还是决定专心致志地吃完。令我没想到的是，只是专心吃个提拉米苏就让我热泪盈眶。短短的十几分钟，口腔里接连体验到甜点的松软、绵密，巧克力、奶油、朗姆酒的味道像炸弹一样瞬间让味蕾复活了。在我的触觉和嗅觉受到强烈震撼的同时，也体会到生命力是如此旺盛而倔强。我在那个瞬间像从长眠中醒来，感到生活有无限的希望。

而这样的体验，恐怕是买上一车衣服都无法比拟的。

3. 花钱买时间

感到时间紧迫的人很难活在当下，而只要专注就会获得快乐。

一段时间高强度的阅读和写作能让我体会到时间的珍贵，读书和写东西让时间像飞一样过去，但这样的话，留给我庞杂爱好和家庭责任的时间陡然变少了。

为此我与其说心甘情愿，不如说兴高采烈地抛掉了不少坏习惯：看无聊的电影（天啊，看一部电影花掉两小时，简直比花掉两千块钱还让我心疼！）、吃零食、刷"淘宝"、刷"微博"等。

我更看重使用时间的质量，同时也对花钱给自己换回更有质量的生活有了更深刻的体会。如果大扫除不能让你体会到这是家人在一起做有趣的事，而是让你感觉到是一种负担，那干脆请家政来帮忙；如果坐飞机比坐火车节省更多有效时间来创造更多价值，那这张机票其实是很划算的。

4. 先付款，后消费

没有人喜欢欠债，更没有人喜欢被别人追债，但当我们在面对信用卡和各种借贷平台时，无法意识到这其实是场包装华丽的骗局。

先消费，后付款。的确让我们当下的占有欲得到了满足，但实际上并没有降低付款时作用于大脑岛叶的行为所带给你的痛苦体验。而遭遇还款危机时，焦虑的全面来袭，往往让人丧失理性思维和对生活的信心。

此时物质的温暖与欠债的心理代价相比简直不值一提。

先付款，后消费的好处是：

首先，我们对自身的资产状况、消费能力、习惯都有了一定程度的把握，降低过度消费的风险，并促使我们直面欲望，对其进行合理的管理。

其次，如果付款和使用之间有一个时间差，我们会有一种免费享受的小确幸。而累计高频率的小幸福正是享受生活的有效方式之一。

5. 投资他人

很多时候我们也许没有意识到，奉献其实是一种情感的流动，我们用恰当的方式付出善意，而自身所体会到的平静和喜悦是从任何一种追求和索取中都感受不到的。

"让捐助者看到慈善举措的具体影响会产生巨大的潜在回报，将给予的情感利益最大化可以鼓励人们未来更加慷慨。"

这就像前面说的，好的体验会慢慢变成习惯。

站在人生的角度，而非经济的角度来看待金钱，我们会发现，价值的内容变得丰富厚重了。当我们花钱不仅仅是为了换取物质资源，消费这件事情则有了更多有意义的方向。

当我们明确了自身的核心价值，开始贯彻自己真正看重的人生选择，一些无谓的花销自然就会减少。此时我们会发现自己花了更少的钱，却获得了更多的快乐。

这，或许才是我们最理想的消费方式。

02

我们都有囤积癖吗?

家是我们消化压力的地方，是我们安放自己的灵魂、受到伤害之后可以安心躲起来养伤、疲惫的时候可以充电的地方，而这样的地方，一不小心也会变成给我们更多压力的地方。

尤其是当我们囤积了越来越多的混乱在这里的时候。

囤积欲是什么？囤积欲是一种综合性的心理现象，可以说每个人都有。心理学家兰迪·O·福斯特和塔玛拉·哈特的研究对象主要是已经形成病态的囤积欲，即强迫性囤积症。

强迫性囤积症患者的特征主要有四点：

1. 信息加工缺损。
2. 对物品价值持有错误观念。
3. 情感依恋。
4. 有序组织有困难。

桑佳亚·塞克森纳博士是研究强迫症的知名临床神经心理学专家，他通过 PET 扫描发现，强迫性囤积症患者的大脑额叶更容易出现轻度的萎缩或变形。这一区域的变化造成他们在决策过程中，大脑化学反应不正常，信息加工过程受损，影响理性思考。

强迫性囤积症是囤积欲肆意发展的结果，也就是说，强迫性囤积症患者的症状我们可能都有，只是程度不同（看到这里的时候，我还在心里大叫"我才没有！"但再往后看看我就彻底沉默了）。

囤积欲在生活中都有哪些表现呢?

囤积欲主要靠我们与物品和自身意志的互动来发挥作用，它主要通过两种方式被我们察觉到。

反映在物品上：囤积、非理性的购物、盲目获取和占有、物品使用率低、物品被忽视、遗忘。

反映在行动上：对物品过分执着、在物品上投注太多感情、将物品视为自我、缺乏有组织的思维模式、难以将注意力集中于当下、由无力感导致的抑郁、不良习惯、对杂乱的习以为常、匮乏心理等等。

这些行为表现看起来似乎都是外部的问题，东西太多、没有时间、他人对我们的影响等，但深入了解原因之后，我们仍会发现，其实问题出在内部。

我们非囤积不可吗？事实并非如此，但往往表现的情况好像我们除了囤积没有别的选择一样。生活有多辛苦，物质就有多温暖，买件好东西奖励自己有什么不对？

的确没有不对，但我们都明白放任物质侵蚀自己则违背了奖励的初衷。

我们将要在这一节回答很多深入的问题，同时也将看到那些被我们忽视的在生活细节里埋藏的真相。我曾在这里不停躺枪，羞愧连连，但面对问题最终收获的总是满满的能量。

1. 为什么要保留这个物品？

从某种程度上说，正是我们赋予了物品意义，让它们对我们的生活产生了影响，使

得保持整洁有序变得困难。

我们可能借由物品来纪念成就、纪念生命中某个重要的人、表达愿望、获取安全感，甚至惩罚自己。但我们并没有意识到就算不留着这些东西，该在的记忆还在，该忘记的终究会忘记，有些人注定要走出我们的人生，而成长的自己已经足够坚强。

2. 为什么会有非理性购物？

非理性购物并不仅仅是消费主义大潮造成的，如果我们足够清楚地了解自身的需求，不将对自己的认可建立在获取物品的满足感上，占有欲就不会成为一种负担。

3. 为什么丢不掉？

放弃一件东西的当下，我们会非常焦虑，误以为这种焦虑会永久地持续下去，因此有些东西变得无论如何丢不掉。对囤积症患者来说，每一样东西都是这样的。

我们可以多做几次实验来观察这种焦虑能够持续多久——事实能够证明，绝不是永久。

4. 多少算多?

罗宾认为，除了取决于物品的数量，还取决于，你是谁? 你需要什么? 你的空间受到怎样的限制? 你对物品有多深的感情? 你对于无组织状况的容忍程度是怎样的? 以及与你住在一起的人的意见。

它没有一个精确的值，但可以肯定的是，只要物品和空间的组合效应让你觉得压力山大，就说明好好整理一番的时刻来临了。

5. 浪费的真相是什么?

我们为物品被丢弃而觉得浪费，这很自然。当然还有一些事实，却没法那么自然地出现在我们的脑海里。

比如用不上的物品意味着浪费了其他有用物品的空间。我们买了一平方米几万块钱的房子，在角落里堆满没用的物品，任其侵占自己昂贵的空间时却一点也不心疼。但客观看来，没有被我们使用到、享受到的空间就是浪费了。

而有时我们因为东西买回来没用而产生的自责，也是一种情绪浪费。这样的物品如果有很多，造成房间的混乱将是对我们时间和精力的巨大消耗。

6. 免费真的是免费吗？

酒店的洗护用品、外卖盒子、多余的一次性餐具、商家促销赠送的商品小样等，这些看似便宜划算的东西最终会挤爆我们的抽屉。

它们都带有对未来的期许：将来某个时候会用上，这让我们会觉得自己很会过日子。但实际上，你我都知道，直到它们把抽屉的缝隙塞满，我们也没有用过。

毕竟我们花大把钱买回来的实木家具不是为了用它装满不用的东西，或在我们寻找什么的时候让自己崩溃的吧。从这个角度看，免费的东西可真的不便宜。

7. 收藏和囤积的区别是什么？

收藏的定义是"一批不断累积的物品，用于比较、展览或是作为爱好"，被收藏的物品都是有计划地买入，并定期保养的。主人不仅喜爱，还会妥善保存。

而单纯的堆积中的物品则大多数灰头土脸，它们没有被整理、归类、有时候头顶还落了一层灰，种种迹象显示，主人要么遗忘了它们，要么是在躲避它们。

我们与物品健康或不健康的关系，其实都反映在我们的价值判断上。许多认知偏误导致我们在处理物品时不够理性。

当价值观与行动发生矛盾时，我们会因为失控而感到焦虑。除了意识到认知偏误，想要通过转变认知和调整行动来找回控制感，我们还需要了解自己大脑的工作模式，并学会尊重它。

就像一些人喜欢用同一颜色标签和文字来标示物品类别、位置，而另一些人则通过识别收纳用品的颜色、花纹来区分类别一样。我们要尊重自己的习惯，而不是把收纳方法当作整理的圣经。

我们该怎样看待自身的囤积倾向？罗宾在书中给了我们一些很实在的建议。

1. 放轻松 Take it easy

首先不能太紧张、太在意，这容易让我们想要一口吃个胖子，而整理这件事情是需要耐心的，需要花费我们大量的精力去把物品，甚至自己的生活重新梳理得井井有条。我们都知道，与物品的关系，就是与自己的关系，因此，处理这些关系就是在了解自己。看到自己在某些想法上跑偏，一个一个慢慢改，让自己更多地体会到小小的成就感，会有助于我们从根本上扭转局势。

2. 找个整理师

的确，并非任何时候，我们都能成为自己脑海里那个公正客观的声音。有时我们可能需要一个人在旁提醒，好让我们不会在毁灭性的想法里放弃改变。整理师在此时不仅是作为一个指导者或帮助者出现，很多时候，他们也是一个陪伴者。

我们在整理的过程中需要一再面对那个想象中的自己被拉下神坛，原形毕露的难堪过程。这其实是挺残忍的一件事，面对自己，尤其是不堪的自己，容易让我们变得很脆弱。

这个时候来自整理师公正客观的陈述和提醒就显得尤为重要，它可以帮助我们建立起新的价值判断，而无须在错误声音的指挥下原地踏步。

3. 处理好与家人的关系

在谈及囤积的影响时，罗宾时常强调，物品泛滥对同处一个空间的任何人造成的压力几乎是相当的。也就是说，囤积不光影响物品主人的状态，也影响与他同住的人的状态，更重要的是，这些琐碎的事会侵蚀两者的关系。

因此建立界限感和使用正确的沟通方式去处理好这些关系就显得很重要。

界限感是我们在前面介绍的课题分离概念的执行目标，它使我们成为一个独立的个体，同时又能与身边的人之间实现相互尊重。用温和而坚定的方式坚持自己的想法和行动，在不伤害对方的前提下做自己，也是自我整理的一个基本看法和目标。

03

囤积药物是在囤积疾病？

2018 年秋天，我人生第一次看了中医。

一个干爽的初秋早上，我步行到医院，进了诊室，里面一位仙风道骨的老先生微笑着招手让我坐下。我把右手递给他，他一边号脉一边问我："头回看中医啊？"

"是啊。您看我这有什么问题吗？"

老先生略一停顿，仍旧微笑着说："你的心肝脾肺肾，都虚啊。"

我一惊："没救了？"

老先生从容答道："多虑了，就是有点虚，没大毛病，我给你开个方子。"

说着熟练地操纵电脑给药房下单，我看着他这颇有违和感的架势，心里将信将疑。一副药吃七天，四百块，倒是不便宜。托药房煎了药，我就回家了。

下午取药，分装的药液足足一大袋。我习惯性地拉开家里放药的抽屉，发现根本没有这些"祖国医学精华"的容身之处。

我家的药箱爆满了，里面零零散散地放了很多药瓶和纸盒子，也有简装的药片被撕得七零八落地散放在箱里。有些药过期了，有些药身分不明，还有些药装在薄荷糖盒子里散发着易被误食的危险气息。

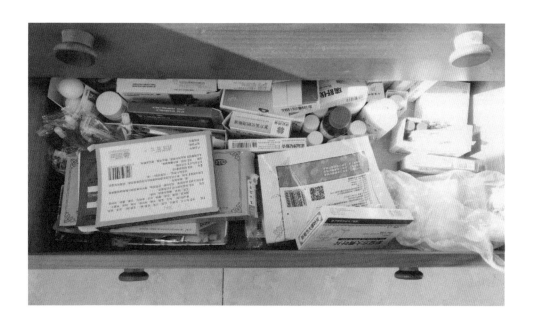

看着这些凌乱的药像难民一样挤在抽屉里，我忽然对吃药这件事产生了好奇：我们为什么要囤积药物呢？

哪怕是罗布和我这样追求极简主义的人，也会在工作室的药箱里放上好几种药，美其名曰"备不时之需"。我们也几乎没有想过，这个"不时之需"到底有怎样的含义？我们对自身的健康存在着怎样的看法？为什么冥冥中总觉得准备药的这个动作，简直就像在诅咒自己生病一样呢？

在查找资料、搞清这个奇怪心理的过程中，一个有趣的词进入了我的视野——安慰剂效应。

百度百科上对安慰剂效应的解释是，"病人虽然获得无效的治疗，但'预料'或'相信'治疗有效，而让病患症状得到舒缓的现象。"举个例子，大家也许都听说过，无论吃不吃药，感冒都会在七天的周期内痊愈。如果你相信自己不吃药，通过好好休息、适当增加运动就能好转，并如此实践，那么七天之内你的感冒症状的确会有很大改观。

相对的，如果你不相信感冒会自动痊愈，认为吃药能够治好你，那么服药后你才能感受到症状的改善，而没药可吃极有可能会让你的症状加重。这期间有一个东西参与了你的治疗过程，就是思维。安慰剂效应也被称为"凭空而生的力量"，它借助思维激发身体的治愈功效。

安慰剂效应还有一个邪恶的同胞，就是反安慰剂效应。它是指无效药和消极悲观的期待会产生有害身体的后果。

20 世纪 70 年代的美国，萨姆·舒曼被医生诊断为肝癌晚期，只剩下几个月的寿命。在这几个月结束后，舒曼便如宣告的那样去世了。然而随后的尸检报告却显示，他的医生弄错了：舒曼的肿瘤很小，并且没有扩散。

研究反安慰剂效应的医生克利夫顿·米多尔说，他的死因不是癌症，而是相信了他会因癌症而死亡这句话。如果所有人都认为你快要死了，你也会如此相信。然后你就会觉得身边的一切都在等着你死亡。

这让我忽然想到，如果思维有如此强大的威力，为什么我们要对药物产生依赖心理呢？安慰剂效应的概念让我看待药物的角度发生了变化。

我们都恐惧死亡，这几乎是一种本能。对死亡的恐惧可以改变我们看待生活的方式，和每一个行为的动机。心理学家弗洛姆认为，死亡恐惧是人意识到自己存在状况的证明。我们都知道自己会死亡，同时又希望自己能够超越。可以说，人的一切行动都是围绕克服和消除对死亡的恐惧来的。

而对死亡最直接的一种恐惧，就是抗拒疾病，除了不希望自己生病，我们吃药、参与治疗也是对抗疾病的最普遍的方式。我们在这时将注意力全部集中在了疾病上，这难免让人沮丧。

而如果不去关注疾病，我们又能做些什么呢？相对于关注疾病，关注身体本身更能让我们保持健康。当我们将注意力放回身体，开始注意到愤怒让我们胃痛，焦虑让我们呼吸急促的时候，我们便能够一点点回应身体的需求。

得到关注和满足的机体更能顺畅地运行，并对心理产生积极的影响，当我们心态良好，行动灵活不受阻碍时，生病这件事压根不会出现在脑海中。

当然并不是说，只要我们开始关注身体的感受，就能够预防疾病侵袭。长久被忽视的身体，警报系统年久失修，就像吃一次冰淇淋不觉得有什么不妥，连续吃上几个夏天，就会觉得脾胃虚寒，容易腹泻、胀气。

药箱仍是我们照顾身体的后援力量，需要我们用积极而科学的眼光看待，如果药箱的存在不是为了抵抗疾病，而是支持健康，整理药箱的思路就不一样了。

整理前，我做了一些准备：

1. 观察自己3个月内的身体状况，包括：饮食、运动、睡眠、身体感觉、情绪状态、生病状况。
2. 将所有的药品集中起来，进行筛选，可参考如下标准：过期药品、无法确定品名、服用剂量的零散药品、不适合当下身体状况的药品。前两种都比较好处理，在确定哪些药品适合当下身体状况的时候，就需要对第一步做的记录进行分析。

之后，需要结合实际情况做判断。

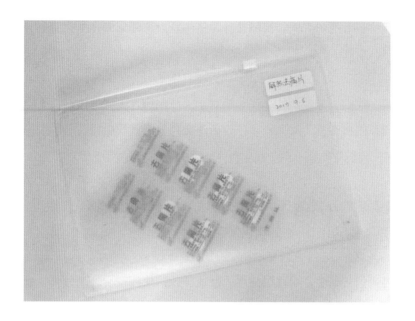

头痛、腹泻、退烧这类应急药品只备少量即可，现在一般的小区都有药店，大部分时候买药都比较方便，没有必要在家里囤上好几盒。

常吃的保健品，是否日常性使用，是否适合当下的身体状况，需要在关照自己身体时进行判断（也无法排除安慰剂效应的影响哦）。无论当初是因为打折，还是朋友代买而囤积在家里，不适合自己的保健品，的确没有保留的必要。

没有吃完的中药，最好找大夫重新号个脉，确定当下身体状态之后，再决定是继续服用还是处理掉。

在这个阶段，判断的唯一标准就是身体的状况和感受，如果自己拿捏不准，可以借助医学手段。规律性的体检是日常生活中，我们了解自身健康状况最有效的一种方式。

筛选好的药品有的用了原包装盒保存，个人觉得这种方式最方便，但有点占地方；也可以将药品分装进专门的药盒，留下药品说明书，标记好到期时间，这种方式相对麻烦一些，但统一包装之后的管理和查看都更方便。

整理药箱不仅是好好对待我们与药品关系的一种方式，更是对自身健康状况的掌控和负责。我们的生活基于自身核心信念的指导，相比于对疾病保持一种逃避的抗拒心理，站在享受健康的角度用心维护，积极看待自身与药品的关系，我们才有更多余力关心爱护他人。

而再想到死亡的时候，我们也许会更坦然。

04

垃圾，我们真的了解你吗？

会关注垃圾，是在看过美剧《切尔诺贝利》之后，片中通过大量影像和数据将核污染的后果明确地呈现在观众眼前，十分震撼。核辐射污染是一种特殊的污染，但它能够让我们想到自己身边的垃圾。

垃圾的污染是什么样的？日常生活每天产生的垃圾有多少？它们真的是毫无用处的垃圾吗？

带着这些疑问，我们用半个月，对各自产生的垃圾进行了观察。

我们以为自己平时买东西不多、消耗也少，应该不会产生多少垃圾。事实大大超出我们的想象，每天我们都要丢掉一袋西瓜般大小的垃圾。里面有发蔫脏污的菜叶子、果皮、超市的食材包装袋、卫生纸、酒瓶子、易拉罐等不一而足，约有两三斤的重量。想想它们堆积起来的样子，真挺可怕的。

在世界上所有的垃圾中，工业垃圾约占 97%，生活垃圾只有 3%，但千万不要以为我们只需要为这 3% 负责就可以了。

只要是人造的垃圾，追溯到源头，都是为了人类的生存、生活需求（这是两个概念，需要的资源数量也是不一样的）而产生的。正如海明威所说："雪崩面前没有一片雪花是无辜的。"

大部分垃圾制造的伤害都是缓慢的，除了我们熟知的温室效应，土壤变质也是一个不容忽视的事实。海滩沙粒与微塑胶污染物熔合，地质成分逐渐更替为胶砾岩，从而形成垃圾土壤。

海洋生物误吞微型垃圾后引起基因突变也是一个细思极恐的事。

而最容易被我们所忽视的垃圾，恐怕就是"浓缩"在我们各种电子设备和网络中的数字垃圾。大部分人可能会觉得，数字垃圾不具有实体，有什么好怕的呢？

数字垃圾不光以光粒子的实体存在，它能够操控与我们生活更为密切的实体，数量相当庞大。

纽约市立大学教授布莱恩·希尔在他的一本叫做《弃物》的小书中指出：数字垃圾

并不能摆脱其作为物质存在的事实。就像我们喝的咖啡一样，生产他们需要不断消耗大量的能源、劳动力、资源、时间和空间，所有前数字时代的废弃物是如此，今后也还是如此。

也就是说，数字垃圾不仅仅指数据信息这种不可见形态，还包括了各种泛滥电子设备的不断废弃。它们在物质与精神的双重层面向人类施压，用布莱恩的话说这是在"向人类复仇"。

$$垃圾 = （欲望 + 时间）\times 物品$$

这个公式是我在阅读《弃物》之后做的一个不够严谨的总结，但综合布莱恩对垃圾的定义，我门可以发现，它的性质与欲望、时间、物品这三个概念紧密相连。

"一旦人类的欲望要为这个世界打上印记，垃圾将永远是最有力，也最常见的手段。"

"垃圾是人们对于自己和不再需要的东西间的感情关系的命名（一种不尽如人意的命名），垃圾所表现的是耗尽的、变质的或被中断的欲望……垃圾是一切加上了时间的物品。"

"如果说这个时代教会了我们什么，那就是在这个地球上，我们随手扔掉的任何东西，都会一次又一次地返回到我们身边，且常常带着复仇之心。"

垃圾处理在生活中几乎不可见，这也避免了令制造垃圾的我们面对触目惊心的焦虑，或因这种焦虑过于密集而麻木不仁。

我们与垃圾最后的会面大概就是户外的垃圾桶，那之后它们就被送往"别处"。我们很少考虑在别处垃圾将会怎样，我们以为垃圾注定会消失，但需要多久呢？没人愿意用这种头疼的问题折磨自己。

生态学家蒂莫西·莫顿用超客体概念提醒我们，并不存在神奇的"别处"。

"现在我们长知识了：垃圾都流向了太平洋或是其他的污水处理设备，而不是什么叫做别处的秘境……没有任何东西可以从它的表面被强行剥除，在地球的表层，并不存在任何的别处，无论哪里都不存在。"

布莱恩在书中写道，"2014 年，太空垃圾曾差点毁掉一个国际空间站，越来越多的事实证明，太空并不是我们放心排污的理想之地——宇宙很大，但未必有垃圾的容身之所。"

尽管如此，却不妨碍人们向外探索。布莱恩认为，人类对地外空间的渴求，某种程度上出于对地球越来越糟的生存状况的恐惧。这是许多科幻作品的素材，但这个单纯的想法同样让我想起，面对家里囤积的众多物品许多人恨不得立刻搬家，或拥有一个更大的房子，尽管如此，对自家某个空间自然有望而却步的心理。

垃圾对我们做了什么？

这个问题不难回答，我们对污染太熟悉了，单单是雾霾就为我们吐槽贡献了不少素材。但我们从没像《切尔诺贝利》中的消防员一样被污染"现世报"，这让我们处于一种不知者不罪的安全感中。

垃圾对环境的影响作用于身体，并有极长的潜伏期。反而使得它对我们心理状态的影响变得具有极强的时效性。它渗透进我们的记忆、欲望和品性，就像旧物商店里那些被仔细打理、陈列，反射出时代光晕的旧东西，它们都曾是某个时代的垃圾，但现在它们再次成为商品，因为我们对它们有"品位"和"需求"。

不仅仅是在终端，在垃圾的源头——生产和采集阶段，我们一样被过度引导。不理性的消费造成囤积，导致生活质量下降，使我们自己被物化。这一切都是消费主义存活的条件，也是一个恶性循环。

布莱恩指出："如果有一天，消费大众亲眼见到了他们所消费、享用的物品两头有着怎样阴森恐怖的真相，那些汩汩涌出的污水和废气，会令整个消费系统崩溃。"

而对我们来说，最能撼动内心的方式，就是看看我们的生活空间和心理空间，如何一点点被垃圾和自己的欲望侵吞。我想我们都还记得第一次系统整理衣橱，把所有衣物拿出来堆在一起的场景。想想看，在我们开始认真处理前，那些东西是否是以垃圾的状态存在着呢？尽管我们从不觉得它们是垃圾。

想要改善与垃圾的关系，需要从源头和去向两方面入手。

首先，减少输入的物品。

我们可以拒绝不环保的消费。

我们大概对自备购物袋去超市这件事情已经毫不陌生，但拒绝不环保这件事，操作起来仍旧困难重重。

我们可能并不了解市面上商品的原料来源、生产过程中将产生多少污染，但我们都知道少用塑料袋是好的。因此，我们需要一些原则，并在这些原则的指导下尽可能地了解怎样的购买会对环境伤害更小。

购物自备环保袋，不支持耗费环境资源的商品，购买对环境伤害小或无伤害的商品。

或者，干脆不买自己不需要的东西。

减少购买的前提是了解自己的欲望，对生活现状有数据上的把握，对于了解自己的需求会有非常大的帮助。

然后我们得试着跟欲望做朋友。其实大部分对物品的欲望，都是对关心、爱、尊重、成就等欲望的变体，我们需要剥开物欲幻象，试着在消费和物品之外寻找人生乐趣。

比如多参加社会活动，在与人们的交流中获得成就和尊严，在与家人的互动里寻找和体会爱。我知道这听起来更像老生常谈，但常谈的缺点在于它只是"谈"，而你，会去做。

我们还可以好好处理垃圾。

比如，自觉遵守垃圾分类规则。"小术士"的工作室所在的社区已经开始实施垃圾分类，每个月都有专门人员上门发放垃圾袋，丢垃圾时也常有物业人员在旁指导。

我国现行的垃圾分类标准将生活垃圾大致分为三类：可回收物、厨余垃圾、有害垃圾。但具体到每一件垃圾的分类，则是一个长期的学习过程。

附上我们经常参考的资料（https://mp.weixin.qq.com/s/B6XmNteO1iK15y_m3Cl49A），垃圾分类也需要积累，时间久了可以建立自己的垃圾品类库。

减少垃圾的产生也是一个很好的方式。

"零垃圾"这个概念红过一阵，纽约姑娘劳拉·辛格（Lauren Singer）四年的垃圾只装了一个玻璃罐，非常夺人眼球。我在微信里搜了一下，名字里有"零垃圾"三个字的公众号有 14 个，还有数不清的文章向我们介绍零垃圾生活的好处。不过落实到行动上，就像不是每个人都能轻易成为一名专业整理师一样，零垃圾也是一件需要进阶的事情。因此减少垃圾，哪怕每周只减少一件，就容易很多。

使用保温杯、减少使用塑料袋、购买适合自己同时包装简单环保的产品，都可以帮助我们减少垃圾的产生。当然少买东西，把自己现有的用完，在自己喜欢、实用的基础上尽量重复使用物品，从源头上消灭垃圾产生的机会是最好的选择。

05
让整理帮我们来解剖压力

现代生活中的压力真是多种多样，罗布跟我习惯在应对压力的时候，用整理物品的方式减压，效果总是很好。在梳理物品、梳理思路的过程中，压力会逐渐消失，自信和做事的干劲都回来了。时间一久，这让我对压力本身产生了兴趣：压力究竟是什么呢？

在心理学中，压力被定义为应激，是对知觉到的需求和压力源的一种生理和心理反应，它是我们对生活事件的一种主观反应。处于压力状态下，人必须调整自己以适应环境。

压力与我们的健康有着密切的联系。持续的压力最终会使人耗尽身体资源，变得容易被细菌感染。而所有的压力源中，日常琐事是最具有杀伤力的，它们大量出现、不断叠加，产生加法效应（additive effects），从而使压力在我们的身体内向病毒一样传播，破坏免疫系统的健康。

压力是如何作用于我们身体的呢？

压力感的唤起需要通过两个认知过程：

1. 判断一个生活事件是否构成威胁？
2. 面对这个威胁，我们是否有足够的资源应对？

压力感只有在我们认为自身受到威胁，并且没有足够资源（物质资源和精神资源）应付的情况下才会产生。

面对不同程度的压力，我们的身体也会以不同的方式来表达痛苦，比如急躁、愤怒、焦虑、消沉、疲劳、紧张，除了情绪上的反应，身体上也会有相应的症状反应出来，如头疼、胃疼、高血压、偏头痛、溃疡、大肠炎等。如果任由压力积聚，最终还会形成癌症、糖尿病或甲状腺功能失调。

一项针对生活压力事件设计的实验结果显示，有更多生活压力的志愿者，要比在生活中有较少压力的志愿者更容易感染感冒病毒，且后者的抵抗力更强。实验证明压力能够降低免疫系统对现存细菌有效的反应能力，从而使我们因免疫能力下降而生病。

那么，是什么决定了我们对压力的感受和判断呢？

每个人对生活中不愉快事件的处理方式都有所不同，一些研究显示，这与我们的归因风格有很大的关系。归因风格简单来说是我们解释生活事件的方式。心理学家皮特森对归因风格进行了大量研究，提出乐观主义在应对压力时有积极的影响。

乐观主义的表现有四个方面：期望未来充满好事而少有坏事；认为自己拥有通过努力达成目标的能力和信心；认为消极事件发生在自己身上的几率低于平均水平；忽视或最小化生活中的危险或愿意冒险。

乐观通常可以预测健康的行为，比如定期锻炼、健康饮食、节制饮酒等。乐观还使我们患病的可能性降低、病情恶化缓慢、康复速度快、复发可能性低。

相对来说，悲观则关联了更多危险行为。一项长达 50 年的研究显示，悲观主义者似乎更容易在错误的时间出现在错误的地点，进而增加了意外死亡和暴力死亡的风险。

如何更好地应对压力？心理学上有一些好的建议。

1. 多调动积极情绪，保持乐观

积极情绪有助于让我们意识到自己有更多的选择，考虑尝试不同方法应对当下的状况。

积极情绪的应对策略有三种，分别是：

①关注正在发生或已经发生的事情的好的一面。
②试着在一些能够控制的小事上找回掌控感，并获得完成事项的正向反馈，收获自信、消除威胁。
③创造逃离压力的休息时间。通过回忆或计划一些积极的事情，体验小幅高频的

积极情绪，或者尝试给普通的事情赋予积极的含义。

2. 不压抑情绪

长期习惯性地抑制情绪，会削弱对积极情绪的感知和响应、破坏正常的沟通，进而影响人际关系，使幸福感下降。

而一项针对情绪表达的研究显示：即使个体只是写下不愉快的事情，而从未向人诉说或给别人看过这些记录，也会对健康产生有益的影响。

也就是说，如果你害怕自己将太多负能量传递给周围的人，而不愿向他人倾诉，也可以尝试将对事件的担忧和焦虑写下来。这一切关键在于表达情绪，使面对压力的焦虑先得到释放，借此冷静下来，从而更理性地思考如何处理事件。

3. 整理物品

整理物品与倾诉、写日记等方式一样，能够帮助我们减轻压力带来的困扰，当我们面对压力时，更多的是在思考外界，把很多精力花在考虑我们无法控制的情况上。这时整理能够帮助我们回到自身——我的感受，我的现状，我的期望和不期望，以及我的能力。通过对自己的了解来把握处理方式，很多时候会让事情变得简单起来。

如果我们通过清晰地了解自己来找回掌控感，威胁会成为一个转机。当自身资源不足时自会激发出我们的创造力，让我们更关注于使用已有资源。

整理的过程是将 ask why 变成 ask what 的过程，将无解的拷问变成对解决问题方法的思索，当我们真正着手开始做些什么的时候，问题就开始被解决，压力造成的不良情绪也被排除到我们的注意力范围之外。

当恶性压力转变成良性压力的时候，适度的困难反而成为我们升级自身能力——无论是处理问题的能力，还是转化情绪的能力的好帮手。

情绪管理的过程本身就是对情绪的整理，我们需要将所有情绪都拿出来摊在眼前，不仅是对自己的负面评价，还有经常被我们忽视的正面评价，以及我们在与他人的交往中产生的不良情绪。我们需要一一检视并思考躲藏在情绪背后的根本问题，不良情绪是无法被舍弃的，但它可以被转化，关键就在于我们如何看待情绪背后真正的动机。

直面这些动机，不做评价，只判断它是否符合自己的价值观，在自己生活里是否不可或缺，或者是否是我们的精神养料，当我们诚实面对自己内心的时候，就会发现很多偏见不是我们的内心真正渴望的。在意识到这点时，不良情绪就会得到转化，毕竟我们不会依赖自己从根本上不认可的东西，因此它也没有继续存在的理由。

这将是一个漫长的过程，对情绪的整理并不像物品那样简单、直观，但它们往往有巨大的突破。因此它更适合成为一个习惯，也更适合成为我们的一种思维方式，每一种情绪都不是表面看上去那么简单，每一种压力也都不是不可战胜的，当我们能够将压力变成动力时，我们也许就学会了全然接纳自己、认可自己，并成为自己最好的朋友。

06

住得好才是真的好：一目了然地收纳，找回幸福的办法

看见就是爱。

最初见到这句话，是在武志红的心理学视频课里。有段时间觉得自己的状态难以调整，硬是把八十多集的视频课刷了一遍，也是在这个时候，我终于接纳了弗洛伊德的心理分析理论，感觉自己又发现了新大陆。

看见就是爱，是武志红对精神分析过程和基本原理的一个总结。它指代的是每一个隐藏在我们潜意识里的困扰或者问题、障碍，看你愿意如何称呼它们——平时都是无法被我们捕捉到的。

也就是说，我们的表意识、思维逻辑看不到它们，无法理解它们，也就无从处理。于是它们存在于潜意识中，逐渐形成模式，让我们在下意识做某些事的时候，重复犯错，形成了一个"坎"。

不仅如此，它们虽然是无法被意识看到的记忆，却以非常顽固的方式保存在我们的身体感觉中。

也就是说，我们无法回忆创伤事件，却可以牢牢记得当时的感觉，在以后的生活中，哪怕是一件无关的小事。只要它让我们有了那种感觉，我们就会很容易被这种感觉锁死，同时唤起潜意识里的行为模式，让我们在行动上无法作出新的改变，只能不断品尝痛苦。

心理分析的原理，就是通过回忆这些事件，通过用语言整合这些记忆，将它带进表意识，让我们知道这些事情、感觉都已是过去，不会再发生，也无法再威胁我们，而我们自己是可以选择不同的应对方式，从而跨过这道坎，成为全新的自己。

我是如何想到"整理得一目了然"这件事很重要的呢？有几件小事促使我将关注点放在"看见自己的生活"上，而且它们都是围绕着我处理自己物品的过程展开的。

1. 布置房间

我曾经着迷于空无一物的房间，但后来发现，那其实是我内心荒芜的反映。我只是想通过抛弃一切的方式尽快将物品和事情处理过去，这里面有一种逃避的情绪，以及一些没有被好好处理的感情。

当我放弃对空无一物的执着，决定开始布置房间后，我能够看见整个空间，包括它的特点和功能。也逐渐看见自己的需要和喜好，看见自己的生活所呈现的样子，我注意到一些过去没有在意的部分，比如我内心深处更真实的愿望，以及它随着时间发生的变化。

渐渐地，我开始能够认可自己，每次在房间里增加一样能够让我开心的物品，我都能感觉到对自己的善意，这令我有了更多安全感。我开始能够欣赏房间里的生活气息，我依然喜欢像科幻电影里那样极度简洁的空间，但我也明白它并不适合当下的这个我。

现在的我，更想看见自己的生活，看见自己的幸福究竟是什么样子。

2. 把画贴在墙上，而不是收进文件夹

我有时会用画画来平静头脑和内心，因为只有在画画时我才可以什么都不想。

但画画这件事真正开始治愈我的，是在我把它从文件夹里"拿出来"之后：我把画拿给朋友看，收到继续画的鼓励；发朋友圈，有人推荐我好用的画笔，有人夸奖我、有人鼓励我，这让我感到自己被温暖包裹着。

我开始把画贴在墙上，而不是像过去一样收进文件夹，每次走进房间，都感觉像在逛一个画廊，五颜六色衬得屋里特别明亮，也特别温馨。看到这些画的时候，我终于看见了自己的成就，哪怕很小、很简单，也让我开始认可了自己。

在整理时我们说要留下真心喜欢的东西，不仅是因为你会使用它，更是因为这些我们喜欢的东西，在看到的瞬间就可以让我们开心。

因此，为它们创造出更多的空间，让我们被自己喜欢的物品，还有这种喜欢的心情所包裹，就是每天都可以时不时尝一口的小确幸。

如果一天之中，幸福的感受多过痛苦，这一天就会留下幸福的印象和记忆。这样的日子多了，我们就会觉得自己的生活是稳定而美满的，遭遇到不幸时就会有更多的心理能量从容应对和处理。

3. 把喜欢的东西放在眼前，让自己知道拥有多少幸福

就算是我这样一直努力践行极简主义的人，也并不是时刻清楚自己有多少物品。当我喜欢"藏起来"的收纳方式时，为了让表面看上去空无一物，我把喜欢的东西也都收进了柜子。

这样的确会变得很清爽，同时也会让我看不到那些喜欢的东西，忙起来大脑没有余闲，我就会完全不记得自己有多少小幸福可以享受。

于是我试着把它们拿出来，放在我每天可以看见的醒目位置。当我看到它们的时候，会为自己居然有能力拥有这些而感到惊叹。

陈列式的收纳很考验空间的留白能力，也就是说，东西不能多。所以我觉得它适合与隐藏式收纳搭配着来，比如我会把相对常用的面部护肤品陈列，身体护理的部分就用收纳盒放到距离它不远，但可以藏起来的地方。

4. 看不见的时候，会以为自己没有，有些东西用不到，浪费了如果不是习惯做的事，我会特别容易忘记，所以不把东西放到显眼的地方，我真的会完全忘了它们。比如有段时间我在吃大豆异黄酮调整激素水平，但如果放在药箱里，我绝对会忘得干干净净。

于是我把它们跟日常护肤品放在一起，把它调整进我习惯行为的路线里，这样我就能看见它，并且按时服用。

因为没看见而以为自己没有，导致重复购买的事情，也不时发生在我身上。这样的时刻大概就是在提醒我，该重新审视一下自己的物品和收纳系统，做一个动态的调整了。

需要被我们看见的东西，应该给予它们恰当的位置，一目了然的本质是为了帮我们

节省精力，用来更好地处理生活中真正重要的事情。

不应该在找东西，重复购买中消耗自我，幸福感、效率、对生活的掌控感会变得更强。

5. 看见的瞬间产生的感觉，就是对自己的认可

就像我们看见杂乱时感到无力，继而对自己失去信心一样，看见喜欢的东西或自己的成就而开心的同时，会逐渐生出成就感，从内心里认可自己，对他人评价的在意便会减少。

我一直不是很会认可自己，即便到了现在，有时候在别人夸我的时候，我也无法坦然接受，嘴上说着谢谢，却有些心虚。

抽屉里用隐藏式收纳放需要用的物品

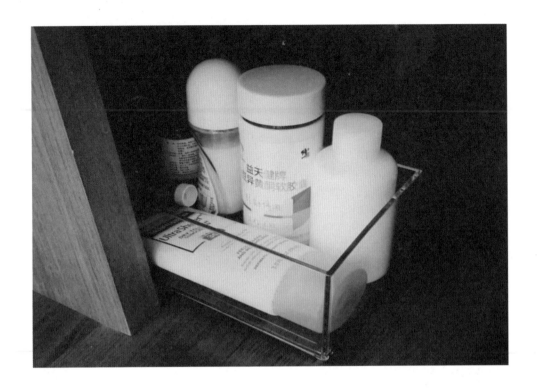

但我们都无法否认赞美会让我们感到开心，如果无法全方面认可自己，从小地方开始一点点练习会好很多。目及之处的心动物品，就好像是小分子易吸收的赞美，看到它们所产生的轻松愉悦感，就是在潜意识里种下的鼓励的种子。

同时，这些愉悦也是我们对自己行动的认可，对自我的一部分的认可。当我们感到无法认可自己时，多半也是因为看不到自己的闪光点，而心动的物品是一个很好的提醒。多些这样的认可，可以从各个方面帮我们构筑起一个全面而积极的自我。

看见自己的物品、环境和生活状态，就是看见自己的生活，看见自己的成就，看见自己的能力，看见自己可以拥有的更多的可能性，所有这些看得见的接纳和认可，都是爱最基本的特质。

所以我发现将物品整理得一目了然，本身就是一种爱自己的方式，这个爱里有关注、有接纳、有包容，还有坚强的力量。

对于像我这样总喜欢有新鲜感的人来说，时不时换一种收纳方式会让整理这件事情变得更有意思，也能重燃我对生活的热情。在这个过程中，我也发现整理不是一个僵化的过程，它会有一个从严苛到宽容，再到从容自在的转变。其中的深意也在一点点地通过日常的整理向我们释放，每了解到一个点，就像吃了一颗糖。

07

临终整理让我们更热爱生活？也许是的

2019 年末，我接触到一个概念——D·st·ning，使我们对整理这件事有了新的认识。

D·是做，st·dning 是清洁，在瑞典这是一个专业术语，由瑞典作家芒努松在《优雅的人生整理》（《The Gentle Art of Swedish Death Cleaning》）一书中提出，指临终整理。

芒努松对临终整理的定义是，在自己去世之前，主动检查所有的物品，决定去向，系统整理。

这么做首先是为了给家人减轻负担，不会因为突然要处理自己的一大堆遗物而焦头烂额。同时它更是我们在相当长的时间跨度上，梳理自己人生的一个机会。

对于适合做临终整理的时间，芒努松认为没有限制，任何时候只要你想，都可以为自己做一次临终整理，它与日常性的清理不同的一点在于，你在整理时会将严肃的生死纳入思考范围，从而使看待生活的角度发生巨大变化。

临终整理的顺序与我们平日整理的顺序基本一致，从大物品到小物品、从容易处理的到不容易处理的。首先需要把所有物品集中、分类、俯瞰，然后取舍，决定去向。不同的是，这一次的去向可能要深入到最后——在人生的最后一刻，一些你仍旧舍不得扔的东西，你要如何寄托它们？

针对临终整理的特性，芒努松给出了一些建议：

1. 给自己的物品列一个清单。
2. 在每件确定好去向的物品上贴一个小标签。
3. 给自己准备一个丢弃盒，里面装上自己过世后，家人即可立刻丢弃的物品。

我开始感到迫不及待，同时也很惊讶——带着对死亡的思考整理物品，使我忽然感受到，曾离我如此遥远的死亡，如今近在眼前，对于生活的留恋和期望也一瞬间涌了出来。

我首先按照规划整理的步骤，给自己房间里的所有物品进行了整理。因为平时有整理的习惯，所以这次并没有用太多时间，不过准备要丢弃的东西居然仍是收拾出了一堆，这让我有点惊讶。

之后，我开始给所有的物品列清单。我猜到这个步骤将非常辛苦，但没想到这么辛苦。

我几乎花掉整个下午，抱着电脑，跪在地上数自己大大小小收纳盒里的东西，有那么几样零碎的我实在没耐心，只能估计它的数量。

弄完表格，我看着表格里的数字惊呆了——明明房间看起来一目了然，清爽宜人，却还是装了这么多东西——不算写字台、书柜这样的大件家具，我居然有近 900 件物品！

这仅仅是我所拥有的实体物品，还不算我存在云盘里的照片、视频、资料，还有我在社交媒体更新上传的那么多岁月和心思，一个人活在世界上到底要占用多少东西才会满足？这个问题一瞬间闯进我的脑海。

随即我意识到，不可能满足，我有了这么多东西，仍旧不时被物欲噬咬，比起小小的地球，人类庞然的欲望实在是宇宙间最重量级的杀伤性武器。

列完这个清单之后我已经腰酸背痛，并且被一种淡淡的哀愁包裹，我不得不放下表格，等到第二天才开始判断物品的使用状况，并决定它们的去向。

在梳理每个物品的归宿时，我想起芒努松在书里写："一个被你所爱的人希望从你身上继承美好的东西，而不是从你这儿继承一切。"

赠送不应该成为对方的负担，你一定希望收到赠礼的人是幸福快乐的，你也一定希望送出去的都是自己觉得好的东西。因此，许多东西不得不最终面临被丢弃的命运。

我按照预计使用年限、处理方式、我在意的使用状况三个类别，分别对我要做处理的物品进行了统计。数据总是很诚实，也很残酷，很长时间以来我都觉得自己算是个物品使用率很高的人，我留在身边的东西，都是我在用的，并且会用完才买新的。我以为自己很环保，出门自备购物袋，尽量少买包装过度的商品，尽量在自己满意

的情况下重复使用。

但事实证明，这都是我的美好想象。

我所拥有的近 900 件物品中，最终面临丢弃命运的高达 30%，其中消耗品只有 2.59%。也就是说，我在未来的 5 年里，如果不加注意，将会继续制造大量垃圾。这其中，文具、化妆品、家居用品占了大多数，我需要明确并限制自己在这方面的消费，同时把家里已经有的用完。

数据还显示，我已经使用很久，并且即将继续使用 10 年以上，甚至打算用到不能再用的东西，只占全部物品的 20%。这促使我开始思考：是不是说我生活里必需的东西只有这 20%？我可以不要其他东西吗?

这些物品主要是衣物、我最喜欢的杯子以及生活必需的洗护用品、电子产品，也许我真的可以只依靠这些必需品生活。也许我可以做个为期一年的实验？只有必需品的生活到底是方便更多还是不便更多，我开始非常好奇这些问题的答案。

我还有一些舍不得扔，想要收藏起来的物品，它们约占总数的 12%。这是我必须要将去向决定到底的物品——我死后要把它们留给谁？

眼下我未婚没有子女，因此这个问题直接变成：我要不要结婚？要不要生孩子？我希望有下一代吗？我希望在这世界上留下些什么？

这些是我几乎从不思考的事情，它们同时也带出了一个残酷的问题：如果没有人可以送，我要不要把这些生前如此珍视的东西都扔掉？

物品概况

项目	数量	收纳区域		
衣物	110	衣柜、行李箱	总计	850
书籍	283	书柜		
数码	31	写字台		
饮具	27	写字台		
化妆品	34	写字台		
文具	239	写字台		
家居	45	写字台		
装饰品	16	写字台		
饰物	10	写字台		
笔记本	11	写字台、书柜		
文件	4	书柜		
卫护	9	书柜		
贵重物品	5	书柜		
文件	4	书柜		
卫护	9	书柜		
日用	13	床头柜		

处理概况

项目	数量	品类	占比	备注
穿到坏/丢弃	27	衣物	3.18%	
穿到坏/收藏	3	衣物	0.35%	
用到坏/丢弃	14	家居、衣物	1.65%	
卖掉	133	衣物、饮具、数码	15.65%	
丢弃	224	文具、化妆品、家居	26.35%	
赠送	1	衣物	0.12%	
捐赠	110	衣物	12.94%	
随用随补	22	卫护、饮品	2.59%	
加入丢弃盒	15	笔记本、饰品	1.76%	
定期卖	283	书籍	33.29%	
收藏	104	娱乐、衣物、数码、饰物	12.24%	CD、卡带及播放设备
一年	13	衣物、饮具	1.53%	
二年	66	衣物、文具、装饰品	7.76%	
三年	19	衣物、饮具、饰物	2.24%	
五年	117	衣物、文具	13.76%	
十年	16	衣物、饮具、饰物	1.88%	
一直用	45	饮具、衣物	5.29%	
用完	135	化妆品、文具	15.88%	

一些杂项物品没法一个个数，于是只估计了数量

这些问题促使我开始思考未来，也回到过去，最后发现我只能留在当下。

也许某天我会结婚但始终没有孩子，也许孤独终老但仍旧拥有在乎的人，这些都不影响此刻我对物品的关注。我可以把对物品的喜爱变成守护，把守护变成希望，让它们在将来因为爱在不同的人之间传递。

这样想着，我觉得这些被收藏的物品也需要定期整理，那些不被喜爱且被禁锢的物品是无法传递爱的。

加入丢弃盒的物品为 1.76%，是一些日记本和有纪念意义的饰品，或者不如说是曾经在我的生命中留下深刻印记的故事。这些只属于我却未必对他人有意义的东西，是我在面临死亡时唯一可以带走的东西。

是不是很奇妙？到最后最重要的不是存款、房子、车子和各种各样我们活着时曾痴迷的小玩意儿，居然是这些故事和回忆。丢弃盒这个概念仿佛是整理最最核心的那部分——我们与自己的关系。

记得之前看过的一个演讲，说到世界上活得最自在的两种人就是幼儿和老人，因为他们都不用成为别人，只需享受做自己的状态。

一个建筑师朋友曾对我说，包豪斯最开始的建筑课程的设计思路是首先让学生感受建筑，然后再学习专业技巧以辅助他完善自己对建筑的设想。而现在的教育则变成先教授技术，用它验证一个建筑能否成为建筑。前者是让知识辅助人性的绽放，而后者则是让人性委屈在知识的囚笼中。

"我们最终需要的仍然是那个失落的自己。"她最后对我说。

做完这一场临终整理，我感受到的不是死亡的沉重，而是直面人生和自己的坦然，以及想要好好守护自己，关注身边人的希望。

它让我看到物品来来去去，事情也总是短暂驻足，如果总是被它们影响，把有限的精力浪费在情绪波动中，实在太不值得了。

尽管明白这个道理，人有时候还是难免被人、事、物左右，不以物喜不以己悲，并不是那么容易做到的事。

不过好在我们还能通过整理给自己一个喘息的空间，无论以什么样的目的开始，我们都能在过程中跟自己重逢，并找到当前人生路上最重要的东西。

虽然人生是一件向死而生的事，但我们总还是可以死而无憾，对吗？

08

时间管理的真相

时间管理曾令我们颇为头疼，是的，尽管我们对自己的物品还算是掌控自如，但在时间管理方面我们只是个小学生。用整理物品的方式去整理时间，我们在俯瞰的时候就开始崩溃——我们从没意识到自己的时间有多少、如何被使用，因此我们对时间这个维度在我们生活中存在的状态可谓一无所知。

我们尝试过番茄时间管理法、四象限管理法、各种类型的 To Do List，以及利用碎片时间的小技巧，依然觉得自己的时间不够用。休息的时候无法心安理得，拖延症赖

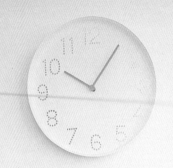

11月

1
2 3 4 5 6 7 8
9 10 11 12 13 14 15
16 17 18 19 20 21 22
23 24 25 26 27 28 29
30

着不走，高效的工作像一幅海市蜃楼。

直到我们读到一本叫作《精力管理》的书之后才发现，原来还可以换另一个角度看待时间管理这件事情，它本质上与整理是那么地相似——你必须对自己有更详细的了解，才能对自己的时间有更细致的把握，时间管理的本质不是时间，而是自己。

这本书里提出一个革命性的观点：需要管理的不是时间，而是精力。为什么是精力？

这个问题的答案其实非常简单：由于身体条件的限制，我们的注意力是有限的，这决定了精力不是唾手可得取之不竭的资源。尽管除去七八个小时的睡眠，我们每天仍能余下的十几个小时，但回想一下日常生活我们就能发现，这十几个小时里，我们没法全程处于巅峰状态，因为我们的身体不是这么工作的。

作者吉姆在书中写道："人们通常认为，才华横溢的人面对挑战时只要配备足够技能，就能发挥出最好的水平，从我们的经验来看却并非如此，精力才是完全点燃才华和技能的正解。"

我们会为自己浪费时间而懊恼不堪，但很少想到自己对精力的使用方式，可能导致它被透支，以至于当我们拥有足够的时间去完成想要完成的事情时，表现却不能令自己满意。

吉姆指出，"精力并不是取之不尽用之不竭的，精力的平衡是人类基于身体状况的自然选择，使用过度和使用不足，都会削弱精力。"

精力在消耗和恢复的良性转换下支持我们的表现和效能，消耗过量会使我们感到衰退、萎缩甚至崩溃，而恢复过量则可能使我们失去热情，抑郁或生病。因此精力管理的关键在于平衡精力水平的波动，使它为我们的生活服务，而不是扯我们的后腿。

精力水平波动影响我们能力的发挥和工作表现；它还影响着我们的情绪，从而改变我们的人际关系状态；同时，精力也影响我们的思考方式，左右着我们整合生活的能力。因此，有技巧的精力管理，是高度表现健康和幸福的基础。

书中将精力定义为做事情的能力，包括体能、情感、思维、意志四个方面，正是这四个关键的方面决定了我们的经历水平。

1. 体能

即使大部分工作时间都坐着不动，体能依旧是支持我们身体活动的基本来源。它影响着我们管理情绪、保持专注、创新思考甚至投入工作的能力。

如果你拥有好的体能，即使一整天日程满满也不会感到筋疲力尽；而相反的结果我们都体验过——明明这一天什么都没做，却觉得好累。

2. 情感

情感对精力的影响表现为：积极情感提供动力，消极情感让我们效能更低。当我们被消极情感控制时，会消耗有限的注意力，无法客观全面地思考，从而失去部分决策能力，做出不理智的决定。

情商的意义在于对情感有技巧地进行转化而非控制，借此使我们的精力维持在良好水平。压力会消耗我们的心脑血管机能和肌肉力量，使我们心情低落，同时感到身体虚弱。

而直面消极情感，分析并转化这种消极情感就是我们可以快速补充精力的最好的方式。

3. 思维

思维的关键在于大脑，创造力和专注力既是大脑健康的产物，也是条件。

它有关注意力的重要性，专注是深度思考的前提，深度思考直接影响我们对信息的领悟与整合。人的注意力都是有限的，在这里消耗得多，那里就可能不够用。因此，如何调动注意力，决定了我们以怎样的状态度过每一天。

对于注意力，最重要的不是如何使用，而是如何放松。张弛有度是提高专注力的关键，放空是给大脑休息的时间，避免因为过度疲劳而"死机"。

休息得当能够让我们更容易保持乐观的情绪，这不仅有利于精力恢复，还会激发我们的创造力。无论是对个体还是集体，创造力都是生命力的体现，它让我们更自信、更积极，也更不容易被麻烦和负面情绪击垮。

4. 意志

意志精力的一个关键是，它需要我们每个人的核心价值观的支持。

从长远角度看，核心价值影响着我们的人生走向，决定我们以怎样的品格面对选择、做决策。依照价值观行事，会让人生简单轻松，使我们肯为自己的行为负责，并勇于承担一切后果。

当下，核心价值影响我们的幸福程度。许多不快乐的原因之一就是行动与核心价值观相矛盾，解决这个矛盾的唯一方式就是诚实面对自己，认可自己，在为他人奉献和照顾自己之间找到平衡。

那么，如何让精力健康地循环起来呢?

不急，就像我们在明确知道物品总体状况之前，无法设计自己的收纳系统一样，在我们对生活还没有清晰把握的时候，确立目标是一件不大现实的事情，因此我们可以把这一步放在正视现实之后。

1. 正视现实

我们需要对眼下的生活做一个全方位的评估。在这个过程中，对自己诚实是最重要的，过于理想化和自暴自弃都容易使最后的目标偏离初心。

如果你觉得回答这些问题有些难度，可以考虑通过整理来量化生活各方面的状态。系统的整理能够厘清饮食、运动、睡眠等多方面的状况，从而帮助你看到自己的精力都花到了哪里，为下一步目标的确定奠定基础。

2. 明确目标

目标实现的基础是足够渴望和足够了解自己，在这个步骤中，除了对自身的认知和对未来的期望，我们还需要注意到价值观的作用。

每个人的生命中都有一些事情是更愿意花时间去做的，哪怕只是吃东西，当它与你的价值观贴合，并能够给你带来快乐、安慰和意义，也许就是你的人生使命。

想要找到它，我们需要梳理自己的价值体系，写下所有自己认为有意义、有益处的想法，在其中寻找最贴近自己内心的想法。

然后可以通过对自己的评估——包括记录贴合这些价值观的行为、与之相关的活动、自己渴望达到的小目标等。在自己的实际行动和理想之间寻找重叠的部分。

这个重叠的部分，就是你在人生现阶段的使命，也许它会让你惊讶，觉得完全不可能，但不妨一试，说不定某天你就将 impossible 变成了 I'm possible 。

3. 付诸行动

体能方面：

改善体能，需要回答三个问题：怎么吃？怎么动？怎么休息？

精力源于氧气和血糖的化学反应。精力的波动，与多久没吃东西，吃了什么东西有很大关系。

如果你想有稳定而持续的精力，就需要吃一些能够缓慢升糖的食物，比如粗粮、高蛋白食物和丰富的蔬菜水果，加工过程简单一些。

少吃精制食物，比如蛋糕、奶茶、鸭脖子、烤串，因为它们会让你的血糖像过山车一样急剧上升和下降，吃了它们，你会先有精力充沛的两小时，而后忽然陷入饥饿和虚弱的状态。

每天可以吃 5~6 餐高营养、低热量的食物，两餐间隔小于 4~8 小时，每次摄入的食物足够维持 2~3 小时。零食无需顾忌太多，热量小于 100~150 千焦（kj）即可。大部分热量的摄入集中在晚饭之前，每天保证饮水 1500~1800ml。你可以使用二八原则，80% 健康高效的食物，20% 自己喜欢的任何食物。

有研究证明，高强度间歇性运动（HIIT）相比有氧运动，能更全面地增强精力，加速新陈代谢，并强健心脏。它是一种高效力量训练，能够训练我们的核心肌群，使身体更有力和稳定。我喜欢在 KEEP 上找适合自己的训练，每个部位隔天练一次，每次十几分钟，大约一周身体就会有明显的力量感。

休息也许常常被忽视，我们认为它是效率的绊脚石，但休息很重要，尤其是工作间隙的休息，只需要 10~20 分钟，就可以恢复精力，继续专注工作 1~2 小时。

你可以设置一个闹钟，每隔 90~120 分钟提醒自己起身散散步、喝杯茶，或者做几个深蹲，从工作中抽离一会儿，等你再回去，会发现自己更有效率。

而对身体的运转而言，睡眠是最重要的休息。每天保证 7~8 小时的睡眠，可以有效为大脑减压，同时增强大脑在事务之外整合生活的能力。

情感方面：

情感精力的储备，来源于良好的人际互动。因此，我们需要花时间寻找那些能带给我们动力的情感和沟通方式。

学会倾听，诚恳表达自己的感受能够保证沟通不被更多的误解打断。多花时间与重要的人相处，学会安静地独处等方法，都能够提升我们的自信和满足感，从而拥有更多积极的心理能量。

简单方法的要诀是每天练习。

在思考方面，我们需要将自己要解决的问题梳理清晰，然后从最简单的开始。

1. 上班途中思考一天的工作和挑战。你可以用手机记录，把所有的想法在眼前摊开，根据工作目标进行取舍，可以帮我们看清楚这一天重要的事情是什么。我的方法是用子弹笔记，每天睡前总结一天任务的完成情况，并计划明天的任务，可以迅速获得成就感。
2. 每天进行总结反思。通勤途中可以在脑海中进行，有助于发现自己的进步和需要改进的地方。我用子弹笔记将这一步与上一步相结合，让自己看到努力的过程是很重要的，会让我们能够时刻跟进自己的目标进展。

3. 写感恩日记。这个方法曾经都助我们在最绝望的日子里坚持下去，而且效果立竿
   见影，每次写完那些要感激的事情时，都发现原来生活里的美好和温暖是这么多，
   人生太值得了。

说到意志力，研究表明，人类行为只有 5% 受意识支配，我们是习惯的造物。习惯创
造稳定框架，在这个基础上，我们才能创新。

而养成习惯所需要的意志力，并不像我们想象得那么多。实际上，意志力是靠不住的，
它消耗太多精力——想想看，如果你总要隔一段时间就提醒自己做什么、不做什么，
会多么累。一来我们不一定能记得提醒自己，二来我们的大脑并不是这样工作的。
想要节省精力，又实现理想的目标，最好的方式就是把目标行为变成习惯，这样我
们不需要思考，身体会自动去做那些事。

一个小故事:

虽然我知道写日记这种通过跟自己在纸上对话梳理想法的方式很好，但并不是每天
都能坚持。但在某个早上，我起得很早，意外有了一个安静独处的时间。我没什么
事可做，就拿出笔记本想随便写点什么，坐在地毯上一边喝咖啡一边写字。在逐渐
变亮的房间里，我迎来一个灿烂的太阳，也经历了一次很有启发的自我对话。我很
想第二天再做一次，于是定了闹钟，让自己早起来一会儿——不能太早，如果一开
始将难度定得太大，就很容易坚持不下去了。

于是，自我对话给了我良好的反馈，我开始期待早上这段记录想法的时间，这个行
动契合了我想要变得更自律、更了解自己的价值观。于是洗漱完毕、打扫好房间之后，
我的身体几乎是自动地坐到地毯上，去拿笔记本和笔。意识到这个动作变成了习惯
的时候，半个月已经过去，真的很神奇，我已经不用刻意提醒自己去做了。

目标行为必须是符合自己的核心价值的，如果有什么事情怎么都没法变成自己的习
惯，就要看看它是不是真的在我们的核心价值框架内。

09

忙，真的好吗？

我觉得自己其实是个非常贪婪的人。

我对生活效率的期望就是抓紧时间做完一件事，再赶紧去完成另一件，并且最好保质保量。我希望自己在一天里做的事都是有意义的，所谓意义，就是有输入、有产出，并且具有变现的价值。希望自己有所收获并没什么不妥，但指望这些东西带来更多的额外价值就是一种彻头彻尾的贪婪。

意识到这个问题后，我试着让自己深入思考：为什么我会这么贪婪？

一开始我没有头绪，直到一件小事让我意识到一些问题，我发现自己在修图时有意识地向容易获得关注和点赞的风格靠拢——我并不喜欢那样的图片，这么做仅仅因为可能会获得更多关注。简而言之，我为了获得更多关注和肯定在有意地改变自己，而不是尊重自己原本的喜好，以自己原本的想法表达。

那一刻我清楚地看到自己的贪婪和不安，我总是担心眼下拥有的东西会忽然失去，因此我要在它们尚未消失前给自己准备好后路。

但其实我的价值观里有一部分是抵触这么做的，我的表意识认为对于当下做的事情应该全情投入，并尽可能享受，哪怕某天失去了，因为努力过，也不会觉得太遗憾。

但我的潜意识一直在不安地提醒自己，如果你不想好怎么安置自己，不多做几个备选方案，一旦出问题就会手足无措，搞不好还会给别人添麻烦。

一个观点倾向于开放、信任和爱，另一个倾向于封闭、孤立和焦虑。而脚踩两只船，更有可能会掉进水里。

这其实是属于大脑边缘系统的生存本能与新发育出的大脑皮质的理性思维之间的矛盾。这种矛盾是我们的一种出厂设置，它在远古的狩猎时期，是人类确保自身安全的最有力的工具，而在已然没有生存威胁的现代社会，它会让我们对所有细微的压力过度反应。

没有人可以抵抗生存本能的强大力量，但我们的确能够平衡理智与情感。

因此当我在日本学者辻信一的《不做》中看到：

"当贪婪成为美德，我们生活的社会就变成一个以更快速度完成更多事情的竞技场。

忙，从字形上看，就是心死。"脑海里一下子响起敲钟的声音：我在努力让自己变忙，变得"有用"的同时，心正在慢慢死去。无论我努力让自己变得多么能干，多么优秀，我始终是在用一种竞争性的心态面对生活。

当竞争成为第一要务，我们就把生活变成了生存，相较于感受，效率便被提升至首位。效率提高，时间节省，我们反而更忙了。如果那些"必须要做的""有用的事"给了我们正向反馈，就更难以摆脱这种忙碌。实际情况往往变成：我们用许多方法、工具提高了效率，提升了便捷性，并因此节省了很多时间，然而我们却没有用它来享受生活。

我们做得越多，就越累，越累，就越想要更多时间；我们有了更多时间，就用它去做更多有效率的事。这就像囤积一样，用物品填补内心的空虚，却发现物品越多，效果越差；用效率来换取时间，却发现效率越高，时间越少。

仔细思考后我发现，这里面有几个问题是不得不正视和思考的。

1. 必须要做的事是什么？
2. 有用和无用分别是什么？
3. 时间是一个怎样的概念？
4. 存在感是什么？

乍一看这似乎是一些非常形而上的问题，但真的回答起来，就会发现它们其实非常地生活。

必须要做的事情代表了一个人的核心价值，而人所有的重大选择都是由核心价值所决定的；有用和无用，从时间的角度上看更像是一体两面，守时在上班打卡、约会等事情上是有用的事，在睡懒觉这件事上又非常大而无当；我们都以为时间是一个客观概念，是表上的指针移动的固定倾角，是时间表上的白纸黑字，但当我们潜入心流，一小时仿佛一分钟那么短，一分钟又好像是永永远远；相比于行动带来的能力的证明，什么都不做的我们享受到的自身存在的宁静又显得那么迷人。

我们常常觉得，必须要做的事是紧急的事、不做会造成严重后果的事、能够证明自己的事等等，我们想从这个世界里获取得越多，这样的事就会越多，但我们在做这些事的时候不见得快乐。我们越频繁地向外看，对自身的注意和了解就越少，越觉得匮乏。

紧盯着 To Do List 盲目追赶的行为，相当于把眼光一直放在未来，而所谓的未来，不过是每一个现在所拼凑出的一个结果。

在这样的一种忙碌中，我们一直在做加法，用不断做事情来证明自己存在的意义。然而存在的意义是不必去证明的，所以辻信一在书中提出一种不做的减法智慧——感受自己的存在。他说："努力之后是一种持续的要做，只有要做而没有存在，要做过剩非常容易，而存在过剩却十分少见。"这种不做的智慧的目的是让思维、行动乃至整个生活不陷入散乱的状态。

整理时做减法的行动也有着同样的目标，物品上减负的过程帮助我们感知了自己的存在，而不是证明自己的存在。

空间整理不是为了整理出更多的空间，然后买更多东西来填满它，而是为了看到自己生活的样子，自己对生活的期望。自己平日里如何对待自己，对物品、空间的感受，构成了我们对自己生而为人的感受。

通过整理提高效率不是为了节省时间去做更多的事情，反而是在于减少要做的事，为自己争取更多心情愉悦的时间，享受生活的余裕。

在这个过程中我们意识到，活着是一种怎样的感受，取决于我们如何看待自己的空性，是更多地选择"证明"，还是尝试体验单纯的"存在"。

10

留白让我们知道什么更重要

自从留白这个概念进入到罗布跟我的视野之后，我们几乎立刻迷上了它，在不断实践和思考的过程中，我们逐渐发现留白这个简单的原则背后，隐藏了许许多多不可思议的人生智慧。

留白原本是传统艺术里的一个美学概念，在国画里大片白色没有上墨的部分就是一种留白，为了作品的整体效果以及留下想象的空间。

在整理中，留白是我们给自己整套收纳系统设置的一个缓冲地带。它是所有收纳空间里没有被填满的部分。罗布跟我都有过这样的感觉，在我们一直以来的整理经验里，总是摆脱不了想要填满每个收纳空间的冲动。

这其实是一个很经济的想法，留出来的空间空着很浪费，干吗不用上它？于是把抽屉塞满，把衣橱里的缝隙用物品填上，看起来满满当当的，很丰足，也很拥挤。这背后的心思是一种匮乏，是我们在不被全然满足的成长过程中逐渐习得的，以至于当我们有能力给自己想要的生活时，也无法摆脱对匮乏的恐惧。

后来把留白融入收纳系统时，给抽屉留出空间仍旧感到有些战战兢兢，但习惯之后，我们发现了留白的厉害。

留白的作用是为将来或计划外进入到空间里的物品留出缓冲的余地，让我们的收纳系统更有弹性，能应对多种复杂的物品状况，让我们的整理成果更好地保存下来，

也让我们对自己的物品进出情况有更直观的了解。

抽屉没必要装满，重点是我们需要的东西是不是都有了合适的位置，动线用起来顺不顺手；衣橱留白让我们在尝试其他风格时能更从容；整体收纳系统留白，能够让我们在面对计划外的物品时，不会因为破坏了自己辛苦整理的成果而感到沮丧。

留白的原则也可以用在生活里其他地方。

在规划精力的分配时，留出一个什么都不做的时间，可以让我们更从容地对待突发事件；多出来的空白时间可以留给自己，花时间独处，可以更贴近自己，发现自己的更多潜力；同时精力的充裕让我们有更大的自由度，更多的心理能量认真处理亲密关系。

在财务预算里设置一笔自由使用的资金，让我们在遇到一直想买又舍不得买的东西

打折时可以果断下手；某天遇到觉得非买不可的东西，不用太纠结；可以更自由地尝试人生更多的可能性，想报个班或者买个网课的时候，不用让金钱限制住自己。

在各项计划里融入的留白，是我们积极面对未知，不被恐惧控制的一个方式。它给未知的将来留出一个允许任何可能出现的机会，是我们对自己的一份自信。它的根本目地是为了让我们不手忙脚乱，能够从容地生活。

留白也可以放进我们的大脑，给思维留白的关键是意识到注意力是我们大脑中一种高价值的有限资源。

我们几乎都为注意力的散乱困扰过，那是一种长时间玩手机或无法专注，不停处理信息，在任务之间来回转换造成的空虚和无意义感。大量不经筛选的信息涌入大脑，分散着我们的注意力，使我们感到深深的疲倦。

无论是不停提醒我们去关注它的 APP，还是在电影电视剧中接触到的各种刺激，都使我们对及时满足充满了渴望。做很多事情的速度都提高了，网络使我们能够在点击屏幕之后就能很快得到满足，我们对源源不断的外部刺激的需求到了上瘾的程度。

及时满足使我们更没有耐心，更容易愤怒，拥有更少的心理能量去应对拥有更多待办事项的生活。所以我们觉得自己累坏了。

因此，将系统的整理运用在思维上，并尝试给自己的思考以留白的空间，就显得很重要。

11

如何像整理师一样思考？

其实很简单，如果你能阶段性的进行整理，在实践中，你慢慢就会习惯性地用整理的方式进行思考，但如果你还没有开始，甚至不确定自己愿不愿意去做，先理解一些整理的思考方式也有助于做这个决定。

1.关于丢不掉的过去

在思考为什么丢弃在开始那么难的时候，我们接触一个概念，叫做"沉没成本"，它的实质是一种"我不能失去更多了"的恐惧。

"虽我已经很久没穿它，这衣服花了我不少钱呢。"

"这份工作我一点也不喜欢，但已经做了 5 年了，差不多用掉了我整个青春。"

"他不是个好恋人，但我已经为了这段感情投入了这么多。"

这些都是我们对失去的恐惧被无限放大的表现。

已经付出的部分没有收到相应的回报，正常的逻辑应该是及时止损，但我们反而会坚持下去。罗尔夫认为，我们这么做是为了表现得坚韧，因为我们害怕矛盾。

这一矛盾所牵涉的心理学现象叫做认知失调。彼此矛盾或冲突的思想会引起我们的不适，而人类本身有一种使各种思想、直觉和自我形象保持一致的需要。

于是，为了保持这种一致，我们会调整自己的思维或行动来缓和冲突。

"虽然我已经很久没穿它，但这衣服花了我不少钱，看它的材质和样式都还不错，也许将来的某天，某个场合我可以穿它，姑且收着好了。"

于是衣服在衣橱里一挂好几年，我们都很清楚这事。

"这份工作我一点也不喜欢，但已经做了 5 年了，差不多用掉了我整个青春。也许我再坚持一下，他们会给我升职，赚更多的钱我倒是不讨厌的，所以先干着吧。"

然后你发誓要辞职的次数又增加了无数次。

"Ta 不是个好恋人，但我已经为了这段感情投入了这么多，过两年结了婚，也许一切都好了。"

然后，虽然我不想说，但你很可能还是离开了 Ta。

如果仅仅出于对失去有更多的恐惧，并对未来抱有不切实际的幻想，冲突也仅仅是得到暂时缓解而已。

我们需要意识到真正的冲突是什么，是我们的信念无法匹配现实生活，还是现实在阻碍我们实践自己的信念，这决定了我们是改变态度还是改变行动。

毕竟你已经投资了什么并不重要，重要的是现在如何，以及你对未来的评价如何。

2. 人生是自己的, 我们却拱手让人?

因为人是社会性动物, 从众心理可谓是写在了我们的基因中, 无论是谁, 都曾下意识地随过大溜。我们有时也的确依赖他人的观点, 毕竟我们无法时时刻刻保持专注和理性的思考。但这并不表明它不重要。

确认偏误和权威偏误帮我们省下不少伤脑筋的时间, 但也让我们变得更僵化。

确认偏误是指我们在接触新信息的时候, 倾向于将它与我们现有的理论、世界观和信念相兼容。

典型的例子就是标签化, 我们通过将人、事、物归类来帮助自己迅速地记忆和辨识他们。同时，我可能并没有意识到在贴标签的瞬间，我们已经失去真正了解一个独一无二的存在的机会。想想看我们被别人贴标签的时候是多么不爽，我们自己这么干的时候却很带劲儿。

权威偏误因为影响范围广，杀伤力又大了一些。罗尔夫在书中给出一个跟踪记录：这个星球上有大约 100 万受过培训的经济学家，没有一位能够精确预言金融危机发生的时间。而在 2008 年之前，几乎所有的专家都预测未来几年的经济形势大好，并鼓励大家投资。然后，嘭！你知道的。

我们把思考的权利转交出去的同时，很少能意识到自己也将选择和决定的权利一并放弃了。当我们轻易地允许他人的或者某些"权威"的思想占领自己头脑的时候，我们也在允许它们操控自己的人生。

罗尔夫鼓励我们对一切试图说服我们的观点保持批判性思维。"道理"有一个好处就是可以用，如果你用了觉得合适，你会认同并持续用下去；如果不合适，你会放弃，但如果你不考虑一下就往自己身上套，强迫自己接受它，你绝对会感到痛苦。

罗尔夫其实是在鼓励我们独立思考，他认为我们越批判就越自由，当然自由也有很多代价，比如失去群体依靠的安全感，但自由也可以返还我们一个真实的自己，就像整理一样。

3. 一个人需要的东西并不多

不多，是多少呢？你可以尝试"断舍离"、整理衣柜、在办公桌上体验极简主义，任何能让你对自己的物品有一个直观的控制感的活动都会很有帮助。

控制错觉是我看了这本书才第一次意识到，我绝对有这种错觉，曾经囤过东西，不管是什么，你我都有。控制错觉讲的是我们真正能够控制和影响的范围，实际上比我们以为的少得多。

打个最简单的比方，有天在逯薇的公众号里看到一个说法：据说中国只有两种女人，80% 想要衣帽间的女人和 20% 假装不想要衣帽间的女人。

我对这个说法背后的心理产生了很大的兴趣：如果我们都想要衣帽间，那么我们想必都认为自己能驾驭它。

我们一定对自己的整理思路、收纳能力、生活习惯很有自信，我们用完了东西一定会放回原位，一周至少有两天愿意花时间整理衣服和打扫衣帽间，我们熟悉自己的每一件衣服，包括衣柜抽屉最里面那些，我们能够完美地控制这些衣服，使它们在每天都能让我们看起来亲切可爱、精神抖擞。

事实是哪怕不想要衣帽间，仅仅需要一个小衣柜的我，也无法说出自己有多少条裤子、多少件外套。直到整理了一段时间之后，我才意识到自己根本搞不定一大堆衣服。所以那之后每次我有意减少衣服的数量和种类，都是为了节省找衣服和搭配所消耗的精力。

如果我们不知道自己能控制多少，我们就会在控制不了的地方白白浪费许多精力，而如果将这些精力用于你认为重要的事，你的人生一定会不同，或者至少它是令你满意的。

4. 选择太多不如没有选择

买东西挑花眼可谓选择太多反而造成烦恼的最典型例子。

心理学家巴里·施瓦茨在《不满指南》中解释了为什么选择过多会导致生活质量下降，原因有三：选择范围大会导致无所适从；选择范围大会导致作出更差的决定；选择范围大会导致不满。

选择多，意味着我们一一考察选项的优缺点的精力成本增加了。比如在买相机的时候，我们不可能了解每台相机的性能，除非你享受这个过程，这期间价格因素和新款式的出现可能会不断延长我们做决定的期限。

而想要速战速决，我们就不得不听取他人的意见，你无法保证所有的意见都是中肯的，如果这类意见同样很多，就将继续消耗我们的精力。

大量信息的狂轰滥炸会直接刺激我们的情绪，导致我们作出不理智的决定。想想看，某天你要买大衣，但逛了一天也没看到中意的，然后你觉得这一天不能白白浪费，于是有些心烦意乱地买了某件觉得还可以的回家——啊哈，又是沉没成本。然后你再也没碰过它。

对于买东西，依照整理的思路，哪怕逛了一天也没看到心仪的，就干脆什么都不买——你已经付出一天，不买，你至少不会付出更多的金钱。

12

高阶整理：如何整理我们的思维？

思维整理其实是贯穿于物品整理全部过程中的，当我们为物品状态的好转而欣喜的时候，很难觉察到自己思维的状态。

我们都知道思想会影响行动，反之亦然。如果整理物品是从行动上给思想以启发（自下而上），从思想入手改变行动就是思维整理的目的——通过改变我们的观念，可以改变生活的样子，它的威力往往超乎想象（自上而下）。

要整理脑海里看不见摸不着的想法，并没有整理物品那么容易。哪怕我们找到一张纸，把自己的世界观、价值观、人生观都写下来，也不是一天半天可以完成的事情。

因为它们更多时候是通过生活里不起眼的小事表现的，没有合适的生活情景，我们很难发现自己在某些方面的偏见、误解和自己一直坚持的事情，而且往往要通过深入诚实地思考，才能意识到自己的想法与生活是否匹配。

因此，在整理之前，先了解一些大脑的工作模式能够使我们更容易入手。

我们的意识分为表意识和潜意识，表意识是理性的，表现为我们的思维和注意力。潜意识掌管我们的生存本能，并且是个工作狂，24 小时后台运行，负责将大量信息整合成习惯性的思维模式和行动，从而使我们不用消耗太多精力就可以做很多事情。

同时，潜意识的工作具有更深刻的意义和作用。它还能为我们解决问题提供灵感，也可以说它是我们创造力的来源。

当我们发呆、走神、散步、上厕所，或在其他感到无聊的情况下，潜意识会将一些逻辑上毫不相干的想法联系起来，使得前额叶皮层能够在脑海中预演它们，从而影响我们未来的行动和决策。我们在这些时刻产生灵感，无论是工作上的还是生活上的，这些潜意识活动是我们创造力的基础。

因此在我们整理自己的想法时，适当地信任潜意识，会有更少的挫败感和更多的信心。对我来说，表意识如果是我条理清晰的思考方式，潜意识则更多地承担了感觉和情感的表达。信任我的潜意识就是信任我的情感，并让它和我的思维相配合。

在许许多多的思维整理尝试里，我发现有两个方法最能帮我找到清晰的思路和目标：

1. 自问自答

自问自答法，就是它的字面意思，问自己问题，然后回答。但这些问题和回答是有些技巧的：我会从"理智"和"情感"两个角度向自己提问，并分别站在两个角度回答。

比如，某个阶段我的课题是处理与金钱的关系，我会问自己这样两组问题：

理智组

1. 金钱可以给我带来什么？

2. 金钱是好的、坏的、还是中性的？

3. 金钱在我生活中扮演怎样的角色？

4. 我在生活中是如何使用金钱的？

5. 我愿意为了赚钱和省钱做哪些事情？

情感组

1. 当我想到钱，会有什么感觉？

2. 金钱曾带给我哪些快乐？

3. 当我想到金钱，并为之感到欣喜、期待的时候，我都想到了哪些画面？

4. 如果我有足够多的金钱，我想要实现哪些愿望？

5. 金钱可以定义我吗？

理智组负责分析我的财务现状、对金钱的理性思考、对财务状况的期待；情感组则负责将我前面的思考与积极的情感联系在一起。

当我在回答情感组的问题时，我会感受自己的情绪，一开始这对我有些难，因为习惯性否定自己的我，并不太能够接受内心深处的积极情绪，觉得它们太理想化，就像在做白日梦。真的看到这些白日梦的内容之后，我才发现自己在潜意识里一直运行着一些不切实际的金钱观。

我想要"有足够的钱买一切喜欢的东西"，而生活中我努力践行"能力范围之内买一样最好的即可"的生活方式。这两者的冲突要求我必须做一个选择，于是我深入思考发现前者并不是以我为主的生活，而有某种表演的成分，好像是要活给谁看一样；而后者是令我觉得安心的、快乐的生活方式。于是这个想法在我写下来的这一刻就改变了。

就像整理是为了让我们看到真实的自己、接纳真实的自己，并成为更好的自己一样。我的两组问题的一个大准则——将真实的自己之中最好的自己发掘出来，让这个积极的、自己喜欢且认可的自己更多地出现在生活中，至少要让自己看到这些闪光之处。

2. 写下来、看见它

其实也是第一个方法的一部分。只不过它更自由。

当我们思绪混乱的时候，情感一定也是混乱的。被混乱情感控制住的我们，很难有条理地梳理问题。这个自由的方法就是帮助我们从混乱的情绪里冷静下来，而且不打扰别人的好方法。当然，如果你有一个靠得住的好朋友可以向 ta 倾诉，那真的是一种极大的幸福了。

当我的头脑和心灵一片混乱的时候，我会去找我的笔记本，你也可以找一张纸。做什么呢？写下你脑海里出现的第一句话。

随便写,只要感觉到有词句出现就把它写下来。不要在意字好不好看,也不要在意它有多糟糕、多负面、甚至讨厌得不想看见,只管写下来就好。

在这个写的过程中,我几乎每一次都会慢慢冷静下来,感受到起初情绪的翻滚,写字也跟着用力;渐渐慢下来,开始跟自己写下的句子对话;最后甚至开始分析它背后的原因,或者尝试用积极的观点解释同一件事情。

在我看来,最初的书写其实都是在发泄情绪,释放潜意识中一切我们从来没有察觉到的、隐藏的思维方式和情感模式。等情绪渐渐稳定下来之后,理智就开始接管我们的思绪,让我们能够好好面对自己。

因为在这个过程中收获了很多平时没有发现的想法,我把它变成了一个习惯。每天早上起床后,或者晚上睡觉前,我会找时间用书写的方式分析自己的想法。我会找最能够触动自己情绪的想法来写,先表达情绪和想法,再客观地分析这些想法是否与我的核心价值相符。然后在两者之间做个取舍,可以立刻改变的想法立刻就改变,还不能超越自己的部分,就当作课题一点一点地解决。

我曾经在一次惊恐发作之后梳理自己的想法,最后发现让自己害怕的并不是外部发生的那件事,而是担心自己对生活无能为力。而我之所以会以为自己对生活无能为力,是因为我将对自己的责任推给了外部环境,过于依赖外界给予的条件来肯定或者否定自己。于是我尝试问自己,可不可以对自己负责,就像我们在整理时会问自己会不会对物品负责一样,当我说"我能为自己的生活负责"的时候,力量感立刻就回来了。

这样直观的自我对话令我着迷,也让我在混乱的时候,能够迅速找回自己,认识到生活是我在过的,而且我有很多选择。

上面的两个方法是从潜意识着手，尝试重新认识自己。另一方面，表意识也可以通过不断地努力，影响我们潜意识的思维模式，从而改变我们的行为方式。比如清理过剩的信息和节省注意力的开支。

在整理后的日常维护方面，这两点曾经给我很大的启发。当我有意识地坚持去做之后，我发现自己仿佛逐渐换了一个人。

具体怎么做呢？

1. 筛选输入大脑的信息。
2. 合理分配自己的注意力。

我们大概都听过"You are what you eat"，对我们的意识来说也是如此。输入大脑的信息构成了我们对这个世界的认识和感知。

我曾经尝试记录两种截然不同的生活状态带给我的感受：

一天只刷手机，浏览社交网络、新闻和朋友圈等信息，才到下午我就觉得好空虚，刷手机无聊，因为已经没有新的消息；不刷手机又不知道可以干什么，又提不起兴趣做别的事。

我用另一天只看自己感兴趣的书或做自己感兴趣的事，远离电子设备提供的杂乱信息。我感受到一种单纯的快乐，至少我不那么在意外部的世界怎么样了，对自己有了更多自信，也有兴趣去关心身边的人、事、物。

相较于时间，注意力是更稀缺的资源。我们没办法一直用百分之百的注意力去生活工作，有时我们会走神，会觉得无聊，这是我们大脑的工作方式。我们无法直接控制潜意识的部分，但注意力这个表意识的部分，却是我们能够掌控的。

前面说到的小实验——不停刷手机会造成我们注意力的分散和大量消耗，直接结果就是产生一种空虚、无意义的感觉，这样的感觉更容易使我们陷入抑郁状态，影响大脑工作，影响生活。

而专注则是应对注意力散乱的最好的方式。长时间专注于一件事，可以产生一种叫做"心流"的心理现象，在这种状态下，我们反而不容易焦虑、抑郁，并对自己产生信心，更认可自己，创造力也得到了极大的激发。

改变我们表意识的思考内容，可以直观地让我们发现自己的变化。我们没法一开始就用很苛刻的标准去"净化"自己的思维，因此可以一点点尝试。比如无聊的时候，不刷手机，尝试读一段书、做简单的运动，或者干脆发一会儿呆。尽量不让自己的注意力被快速分散。

我是从减少"guilty pleasure"在一天当中出现的频率开始尝试的，每天减少一次，直到尝试一天都没有 guilty pleasure，只做我认为有意义的事情。减少机械地刷微博和搞笑视频之后，我发现自己有更多的精力去关注那些曾经想做而一直没机会做的事情了。

当我对自己的思维有更大掌控力的时候，我发现自己面对突发情况可以更冷静，不那么容易慌乱，对自己处理问题的能力也有了信心。也有更多的心理能量去面对身边的人，愿意为他们花更多的时间。

无论是物品的整理还是思维的整理，都是为了生活能更接近理想，不再感到无力无能，可以更从容地往前走，并寻找自己的人生使命。

整理带我深入生活的方方面面，我也是在写下这些文字的时候才意识到自己从未像现在一样充满热情地投入生活，也从没有像现在这样认真了解过它，如果不是整理，我也许还是那个浑浑噩噩，终日对自己充满不满，想得永远比做得多的人。

虽说改变是一件很困难的事，但整理让我意识到，也有一种不那么艰难，可以不断收获小小成就感的成长方式。它也许有些缓慢，甚至贯穿一生，但也正是因为有它相伴，我总能拥有信心面对未知的将来，相信自己能够做得更好，相信世界远比我想象中的可爱。

◎ 小结 Summery

一. 整理是什么?

1. 整理是一系列动作组成的行为体系。它通过更符合我们身体工作方式的方法，帮助我们改变与自身相关的一切事物的状态，从而改善我们的整个生活状态。

2. 整理是一套物品和空间的规划方式。它以尊重我们自身需求为前提，帮助我们改善物品的状态、空间的状态，使我们摆脱杂乱的困扰，有更多余裕享受生活。

3. 整理是一种思维方式。它通过我们对物品、空间的思考，逐渐深入我们的内心，思考我们自身真切的需求，从而重新认识自己，找到与自己相处、与周围的人、事、物相处的最佳状态。

4. 整理是一种生活方式。它帮助我们理清想法、梳理生活中的各项事务，通过把握全局，让我们看清繁杂日常中自己真正在乎的部分，并依据这些调整生活的步调，拥有更滋养自己的生活方式。

二. 为什么我们需要整理?

1. 整理可以帮助我们重新认识自己，确定自己每个人生阶段的不同目标，帮助我们更好地活在当下，创造自己独特的生活方式，并用当下每一个积极的行动达成理想，构成一个美好的未来。

2. 整理可以帮助我们梳理自己与物品的关系，形成一个良好的物品使用、流通体系，让我们不被杂物和混乱困扰，同时在这个过程中，拥有一个让自己感到舒适快乐的理想空间。

   整理可以帮助我们梳理自己的想法，从而使我们能够更多地进行积极的思考，并将真正关乎我们核心价值的想法付诸行动，使理想成为现实。

3. 整理可以帮助我们梳理与自己的关系，让我们看到日常生活中对待自己的方式，也帮我们找到更好的珍惜自己的方式，从而学会如何爱自己。

4. 整理可以帮助我们梳理与他人的关系，使我们意识到自己最在乎谁，谁最在乎自己，哪些人是我们想要付出爱，并享受他们给予我们关爱的人，哪些是吞噬我们的正能量，需要我们有意识回避的人，并在这个过程中，不再被社交困扰，找到更适合自己的融入社会的方式。

5. 整理可以改变我们看待世界的方式，帮助我们找到自己的人生使命，让我们有更多信心和动力成为更好的自己，也让我们有更多期待，想要为他人贡献自己的力量，创造出一个美好的世界。

第四章

那些被我们『整』过的人，经历了什么？

01

不再让人生病的搬家

小累是一名插画师，在工作室准备搬家的时候找到我。脑型测试结果显示，她是右脑输入左脑输出，很典型的右左脑型——敏感又纠结的完美主义。

在了解她的工作内容和习惯之后，我仔细观察了一下她的物品：有之前因开店留下来的服装和门店物料、各种手工工具和材料、插画作品、手工作品、从国外带回来的用于陈列的各种小摆件以及一些杂物。虽然这些东西散落在地上、桌子上、架子上，看似毫无章法地摆着，但即使没有分类她也知道东西的位置。

在这个空间里我没有感受到任何的压抑和烦躁，反而觉得小累与她的空间和物品相处得不错。于是我对她说："我感觉你不需要整理。"当我对她说完这句话后，她整个人像是放下了很重的心事一般愉悦了起来。

在接下来的聊天中我了解到，这几年每次搬家，在开始筹备的时候她都会病倒，觉得自己整理不好物品，心理负担很重。而且她很担心我会让她扔掉很多东西。当听到我说，她并不需要整理的时候，一下了觉得负担没那么重了，"这意味着我可以什么都不扔掉，跟每一件我记得的和不记得的物品，一起搬到新工作室了！"她后来在笔记里这样写到。

由于在制定打包方案的过程中，小累会很明确地说出新工作室的布局，并很清晰地把新工作的画面描绘给我。于是我尊重她不愿意丢东西的想法，想办法尽量把她的物品在新的工作室里找到合适的空间。也许是因为卸下了心理负担，小累看起来不再害怕整理物品，分类打包的过程也都顺利地完成了。在搬迁的整个过程中，小累都没有像以前一样，觉得浑身无力，或者时不时要到沙发上躺下来休息，最终我们只花了四个小时就完成了原本以为几天才能做完的工作。

搬完家的几天后，我在刷朋友圈的时候看到小累发了张在新工作室悠闲跷着脚的照片，整个人看上去神清气爽，心里不由得替她开心！整理可以让一场大病消失得无影无踪，这也是我之前从没想到过的。

02

无法被演奏的钢琴

客户 V，在第三个孩子还没落地的时候就联系我了，想要好好整理一下房间以迎接三宝的到来。但在线做了一些基础的咨询工作之后我们就没再联络。像我这样的"佛系"销售，不太愿意去催促客户，因为我觉得整理不是被催促得来的，硬来的结果往往都不会好。奇妙的是，就在我以为会失去这位客户的时候，V 又联系了我，告诉我她出月子了，想要开始工作，但是家里没个像样的地方给她工作。

约定好时间，我拜访了 V。V 的家很大，家里的常住人口也不少，原本的书房被大女儿和二女儿的玩具和绘本给占领了，门口一大堆孩子的物品下掩盖着一件看不出是什么的用途的家具。空间不足使她只能在客厅的餐桌工作，还时常被女儿和阿姨打扰。眼下的 V 需要一个不被打扰的工作空间。

于是，我们在书房和客厅仔细看了一圈，发现客厅没有给小朋友玩耍的专属空间，如果把书房完全变成"儿童乐园"的成本又太高，要搬走书房又大又笨重、不适合小朋友的家具太麻烦了。当时正好是上午阳光最好的时候，我突然瞄到客厅窗边的一方空地，便跟 V 商量可否在那里打造一个"儿童乐园"，把玩具绘本全部集中到那里，这样散落在客厅和书房的玩具和绘本都有了收纳空间，书房也能成为她的办公区域。我们一拍即合，立刻测量尺寸，上网选了儿童地垫、绘本架和玩具收纳柜。

采购的物品都到了之后，我们按照规划好的方案，把书房里所有小朋友的物品挪到了客厅的"儿童乐园"。随着物品的清出，书房的原貌慢慢显现，我惊喜地发现书房靠门的位置，之前堆满玩具的那个"家具"原来是一台钢琴！V 说当被孩子的东西盖住的时候，大家似乎都忘了还有这架钢琴的存在，如今都收拾好了，应该又有时间可以弹一弹它了。

再后来，我就在朋友圈看到 V 开始用视频给大女儿做钢琴练习打卡，这台被"埋"在玩具和绘本堆里的钢琴终于重新演奏起来了！真替她们开心！

这件事也让我意识到，很多时候遗忘是从"看不见"开始的，当一些物品走出我们视线的时候，也是我们开始失去对它们控制的时候。被忽视的物品其实也很委屈，于是就会用杂乱来提醒我们注意它。在某种程度上，看见就是爱，当我们对自己的物品能够给予充分关注的时候，我们的生活就会在不知不觉间变得井井有条。

03

你说得都对，但我不会照着做

客户布瓜，就是那位我想为别人做整理时，在微博上征集到的志愿者。后来她要搬新家，又请我帮她设计了一部分收纳系统。

布瓜的脑型是左脑输入、右脑输出。这样的左右脑型有着"不撞南墙不回头"的执着和"你说得都对，但我就不照做"的"迷之自信"。他们的"你说得都对"并不是敷衍你，而是会真诚地在理论上认可你，但是他们有自己的方法，还是要先试试自己的，不行了再试试你说的。

依旧是先咨询，观察物品、空间的状态、了解客户的习惯和需求，不过这次的咨询不仅要去布瓜原本住的旧家，还得去未来的新家。这样才能依据真实的收纳需求去设计新家的收纳系统，同时规避掉旧家的收纳漏洞。了解了祖孙三代的需求、计算好收纳率之后，我将做好的新家收纳系统方案交给了布瓜，她会依据这个方案再与室内设计师沟通。

尽管在此前的规划中我们已达成一致，但我还是低估了左右脑型人的"威力"——玄关柜的设计与当时建议的方案大相径庭。新家的玄关柜里放了个顶天立地的鞋架，而非原本计划的普通鞋架，并且玄关柜的位置靠近餐桌而非门口。门口的吊柜则被设计成收纳物品的格子，餐边柜的收纳空间因此被大大缩小。

我们先暂停，布瓜阐述了一遍她的想法，我们演练了一遍；我又阐述了一遍原来给她的方案，也演练了一遍。最后，布瓜还是觉得先把物品放进去再说。我表示同意，心里暗想："布瓜可能快要看到'南墙'了。"但布瓜最后坚持了她的方式，于是我尊重了她的选择。

过了几个月，布瓜来问我的社群里可不可以发布闲置信息，我问她卖什么，她说就是之前玄关柜里面那个顶天立地的鞋架。我在心里暗暗叹了一口气，到底还是看到"南墙"了。但同时也真心佩服左右脑型的布瓜，绝不将就使用不习惯的空间的性子，她慢慢地用自己的方式在打造舒适的空间，看到她开心我也觉得很开心。

整理的首要原则就是尊重使用者的需求，如果是自我整理，就是尊重自己的需求。通常我们都能比较好地尊重别人，为他人着想，但对自己就有点苛刻。为布瓜整理的经历总是提醒我，哪怕身边有个"权威"不停地说怎么做才是对的，最后只有自己觉得合适才行，因为在物品和人的关系里，没有什么是"对"的，只有对彼此都"合适"的。

第五章

名词解释

与整理相关的名词解释

自我整理：

整理是自己的课题，是与自己对话的有效方式。整理从头到尾都是自己的事，它是我们认识自己、接纳自己、与自己作伴，并在此基础上进入世界、影响世界的一条路径。在梳理自己的物品、空间、人际关系等与自身密切相关的项目时，重新认识自己的喜好、习惯，从而更清晰地了解自己的需求，对自己有一个整体且细致的把握。这个过程中，找回对自己的掌控感是非常重要的，对自己的生活有控制感会增强我们的自信。

课题分离：

要求我们首先确认好自己课题的范围，然后为这些课题负责，同时对于他人的课题

不加干涉，也不让别人干涉自己的课题。简单来说就是，"你的事是你的事，我的事是我的事，我不会干涉你的事情，也请你尊重我处理自己的事情。"课题分离的核心即尊重。

人本主义：

整理的一些理念与人本主义心理学家阿尔弗莱德·阿德勒的理念不谋而合。阿德勒的人本主义的核心是为自己负责。我们在成为社会上的某个人之前，首先是自己，为自己的行为负责，可以使我们重新掌握人生的主动权，创造属于自己的人生价值。

规划整理：

决定物品的去与留，对思考方法、时间、资讯进行整理以及具有可复制性的整理收纳技术，是一种优化人生的思考方法（《高效生活整理术》）。

断舍离：

由《断舍离》作者山下英子提出的概念，断：斩断物欲；舍：舍弃废物；离：脱离执念。

在整理过程中一般会被简单粗暴地理解为"扔东西"（或类似的单一意思，但并非只是如此）。

心动整理法：

由《怦然心动的人生整理魔法》的作者近藤麻理惠提出的整理方法，即：留下让自己怦然心动的物品，处在自己认为舒服的环境中。在整理过程中，常用于帮助物品主人决策时，例如："是否对这个物品心动？"

整理：

去除不需要的东西，使有条理，有秩序。

收纳：

将分类好的物品用容器（收纳工具）装好。需要用到收纳工具。

收纳工具：

用来收纳、盛装物品的容器 / 空间，例如：抽屉、框子、篮子等收纳产品；衣柜、吊柜、床头柜等家具。

归位：

物品从哪里拿，放回哪里去。

决策：

整理的一个重要步骤，依据喜好和使用频率（或者其他标准）决策物品去留，依据个人习惯和脑型决策物品收纳的位置。

惯用脑：

日本生活规划整理协会（JALO）参考的"惯用脑"是基于京都大学名誉教授坂野登先生提倡的"行为惯用理论"，总结"惯用脑"的特征及对策并将其运用与整理收纳（《高效生活整理术》）。

动线：

做某件事情，在家里走动的路线。动线包括脚程和手部在空中挥舞的轨迹。动线越短，效率越高，越不容易复乱。

复乱：

整理好之后又乱了。例句：整理之前没有依据个人习惯好好规划，就很容易"复乱"。

流通：

将不需要的物品挪出所在空间的动作。可替代：扔掉、丢掉、"断舍离"等容易引起负面情绪的词。流通手法有很多，大致可以包括：丢弃、赠送、捐赠和二手售卖。流通需要注意时效性，越快越好。

集中收纳：

同类型的，功能相近的物品集中放在一起收纳。

就近收纳：

某场景内使用的物品，收纳在该场景附近，即就近收纳。例如，调味料就放在灶台附近，炒菜的时候就近即可拿到。

看得见的收纳：

像商场货架上的陈列，无需收纳工具，只是把物品摆在家具上的收纳手法。十分考验主人的审美和该物品自身的美感。这种收纳方式很适合右脑型的人，"看得见的物品，才会认为自己拥有它们"。

看不见的收纳：

将物品收纳在带门的柜子或者抽屉中，或者收纳在不透明的收纳工具内的一种收纳手法。一打眼看不到收纳工具中的物品。这种收纳方式可以屏蔽掉很多繁杂的信息，很适合左脑型的人。

"懂事"的收纳：

这种收纳方式的特点是：独立，拿取不会影响其他的物品。比如，将 T 恤叠成小方块竖起来收纳，整齐码在抽屉中，拿其中一件的时候，不会打扰到其他衣服，引发抽屉的复乱，那么这种收纳方式就很"懂事"。

B&A：

整理师通常会在整理之前针对将要整理的区域拍一张照片，然后整理之后在同角度再拍一张照片，整理前的照片就是 Before（B），整理完之后的照片就是 After（A）。做自我整理的时候，也非常推荐小伙伴使用这样的方式来记录自己的整理过程。整理过程并不愉快，努力的时间太长，成就感也只是片刻的事，我们会很容易忘记正在整理的场景原本的样子。

拍摄 B&A 照片，不仅可以记录"成就感"，也会让我们用俯瞰的视角来重新审视自己的空间。

极简主义生活方式：

通常会被误认为东西特别少，过得很"苛刻"的生活方式。

真正的极简主义不是消费正确的东西或扔掉错误的东西。它是挑战你内心深处的信念，尝试去面对事物的本来面目不要逃避现实。

破窗效应：

环境中的不良现象如果被放任存在，会诱使人们仿效，甚至变本加厉。

比如，女主人因为工作太累犯懒把外套脱在了沙发上，那么家里的其他成员回家之后，他们的衣服有很大可能也会往沙发上放。

能量守恒定律：

能量既不会凭空产生，也不会凭空消失，只能从一个物体传递给另一个物体，而且能量的形式也可以互相转换。

服务过很多客户之后，我发现很多"买买买"（在衣服的数量上做加法）其实是因为某些方面的需求没有被满足，并不是消费观的问题。

奥卡姆剃刀： 如无必要，勿增实体。

自我整理进行到一定阶段的人，或者践行极简主义生活方式的人，会用这个原则来审视即将带入家门的物品。

KISS 原则：

简约的设计能使操作变得游刃有余，可靠性强。KISS 是 "Keep it simple stupid（把系统简单到白痴都会用）"的首字母缩写，由美国洛克希臭鼬工厂的凯利·约翰逊（Kelly Johnson）首次提出（《设计的法则》）。

"进一出一"原则：

家里多一件物品，就需要减少一件物品，以达到物品和空间的平衡。当整理进行到一定阶段，需要控制物品数量的时候，可以采用这样的原则进行物品数量控制。

衣橱换季整理：

在冬天，把夏天的衣服打包收纳起来；在夏天，把冬天的衣服打包收纳起来。

不换季的衣橱整理：

将一年四季的衣服全部合理呈现在衣橱内，不把非当季的衣服收纳起来的一种衣橱整理方式。

黄金收纳区：

随手就能拿取的收纳区域。范围：眼睛的水平线到膝盖的水平线之间。我们一般会建议大家把最常使用的物品放在该区域内。

非黄金收纳区

需要比较长的动线，才能拿到东西的区域。比如人直立站着，膝盖以下，需要蹲下去拿取的区域；眼睛以上，需要垫脚或者踩着垫脚凳拿取的区域。

第六章

感谢

01

一位生活规划整理师的自白

刚开始做整理师时，会被人误会为是高级家政，在我用实际行动告诉客户和学员，整理不只是一个重复的体力劳动，并得到认可之后，特别开心。当然还有一些其他的误会，比如：会认为请整理师上门就是帮你扔东西、请整理师来家做客，会被评判不合理的收纳和整齐程度、朋友会不敢给整理师送礼物，怕没送对被无情地"断舍离"……这些误会在现在看来都可以理解，也让我有动力去做更多理念传播、做更多整理让大家看到"整"起来之后带来的可能性。

特别感谢这个职业让我看到了许多的"另一面"，人的另一面和城市的另一面。

当你获得客户信任并被允许走进他们的空间与他们一起整理的时候，潜意识是接受你可以看到他们人性中的另一面的，每次想到这里我都会有一种敬畏之心油然而生，伯迪托尔卡在《宜家故事》中说，"我们永远无法窥探他人生活中最隐秘的内在驱动力"。同时也提醒自己"专业的人做专业的事"，我们用科学的流程和人性化的定制服务去协助客户解决空间问题即可，其他的事情还是留给客户，整理师自己要做好课题分离。

因为工作关系，我经常会去到一些"高端小区"。有个地方很有意思，路左边是城中村、路右边是高端小区。一次因为赶时间我需要骑车穿过城中村去客户家拜访，跟着导航七拐八拐，路过杂乱的垃圾堆、很有食欲的小吃店、五颜六色的水果摊、玲琅满目的五金杂货铺……看上去特别"无序"，但是踏实、有生活气息，就连抬头看到低矮危险黑漆漆的电缆线都不会觉得压抑烦躁。到了目的地，停好车，在门卫处登记、按门铃、坐专属电梯上楼……不到三百米，简直两个世界。换上整理师的角色，我要开始帮助客户解决他们的"无序"了……

很享受并感恩整理师这份职业带给我的人生体验，让我看到了世界的多样性，也学会了选择和尊重。世界不再是非黑即白，也能多姿多彩。

现在市面上培训整理师的课程玲琅满目，但我并不认为上完那些课程就能成为合格的整理师。我心目中合格的整理师的基本条件是完成一次自我整理。当你既有技能又有切身感触的时候，这种能力就像长在你身上一样，真实又有力量。

希望未来的理想生活中，我们不仅会有自己的专属牙医、心理咨询师、健身教练、律师，还会有自己专属的整理师，希望人生的每个重大阶段，都会有一位你信任的整理师陪伴左右。

感谢买这本书的你，愿意花时间把它看完。

感谢客户的信任，愿意把自己的空间交给我整。

感谢学员的认可，选择我来带路，你们很有眼光！

感谢整理师职业道路上的指路明灯和大白敬子老师。

感谢总会在关键时刻"拔刀相助"的 Kiku 桑。

感谢我的"同事"兼吐槽好搭档：Coco 和蚂小蚁，吐出了一档还不错的节目《整理不可以》。

感谢我的"拼命三郎"整理师朋友洛辰，她让我觉得"开课其实并不难"。

感谢我的金牌文案柳百慧，总是能恰到好处，把我茶壶里的饺子，端到大家面前。

感谢团子陪我看到并面对自己的问题。

感谢张卓、友友、小熊、橘子还有好多好多在整理这条路上遇到的人。

谢谢你们！

02

百慧的感谢

首先要感谢罗布邀请我写这本书，她一直是我的挚友，最好的工作伙伴，鼓励我、支持我慢慢用整理改变了自己的生活。在这本书的写作过程中，我们充当彼此的啦啦队，着实相互搀扶着完成了我们人生第一次的写书经历，使我在回想整个过程的时候觉得有趣而快乐。

感谢我的父亲母亲，支持我的工作，给我一个安静的空间写作，并用堆成山的美食喂肥我。

感谢我的好友雷佳，充当我的心理咨询师，让我在怀疑自己的时候能够重拾信心，也帮我理清了写这本书最真诚的想法。

感谢整理术士公众号的读者，一直在留言里鼓励我，跟我交流，让我看到许多有意思的新想法，也为彼此间的共鸣而感到温暖，是你们让我觉得自己的努力是有意义的。

感谢晓晓为这本书创作的封面和插画，她的画作一直令人觉得心头温暖，沉实，这也是我们希望这本书能传递的感觉：生活很美好，值得仔细品尝。

感谢所有参与这本书制作的工作人员，特别是编辑亚宁老师，给了我们这两个写作上的小学生巨大的支持和帮助，使我们能够一起完成这本书，为他人的幸福贡献自己的一份力量。